記得到旗標創客‧
自造者工作坊
粉絲專頁按『讚』

1. 建議您到「旗標創客‧自造者工作坊」粉絲專頁按讚，有關旗標創客最新商品訊息、展示影片、旗標創客展覽活動或課程等相關資訊，都會在該粉絲專頁刊登一手消息。

2. 對於產品本身硬體組裝、實驗手冊內容、實驗程序、或是範例檔案下載等相關內容有不清楚的地方，都可以到粉絲專頁留下訊息，會有專業工程師為您服務。

3. 如果您沒有使用臉書，也可以到旗標網站 (www.flag.com.tw)，點選首頁的 讀者服務 後，再點選 讀者留言版 ，依照留言板上的表單留下聯絡資料，並註明書名、書號、頁次及問題內容等資料，即會轉由專業工程師處理。

4. 有關旗標創客產品或是其他出版品，也歡迎到旗標購物網 (www.flag.com.tw/shop) 直接選購，不用出門也能長知識喔！

5. 大量訂購請洽

　學生團體　　訂購專線：(02)2396-3257 轉 362
　　　　　　　傳真專線：(02)2321-2545

　經銷商　　　服務專線：(02)2396-3257 轉 331
　　　　　　　將派專人拜訪
　　　　　　　傳真專線：(02)2321-2545

國家圖書館出版品預行編目資料

FLAG'S創客.自造者工作坊：
學Python玩創客 / 施威銘研究室 作
臺北市：旗標, 2018. 12　面；　公分

ISBN 978-986-312-568-6 (平裝)

1. Python(電腦程式語言)

312.32P97　　　　　　　　　107019114

作　　者／施威銘研究室

發 行 所／旗標科技股份有限公司

　　　　　台北市杭州南路一段

電　　話／(02)2396-3257(代表號)

傳　　真／(02)2321-2545

劃撥帳號／1332727-9

帳　　戶／旗標科技股份有限公司

監　　督／黃昕暐

執行企劃／邱裕雄‧黃昕暐

執行編輯／邱裕雄

美術編輯／陳慧如

封面設計／古鴻杰

校　　對／黃昕暐‧邱裕雄

西元 2018 年 12 月 初版

行政院新聞局核准登記-局版台業字第 4512 號

ISBN　978-986-312-568-6

版權所有‧翻印必究

U0064287

ｎｔｓ

fritzing

安裝 Python 開發環境

在開始學 Python 玩創客之前, 當然要先安裝好 Python 開發環境。別擔心！安裝程序一點都不麻煩, 甚至不用花腦筋, 只要用滑鼠一直點下一步, 不到五分鐘就可以安裝好了！

1-1 　下載與安裝 Thonny

Thonny 是一個適合初學者的 Python 開發環境, 請連線 https://thonny.org/ 下載這個軟體：

1 連線 https://thonny.org/

2 按此連結下載

若您使用 Mac 或是 Linux 系統的話，請依照系統點這兩個連結下載後請雙按執行該檔案，然後依照下面步驟即可完成安裝：

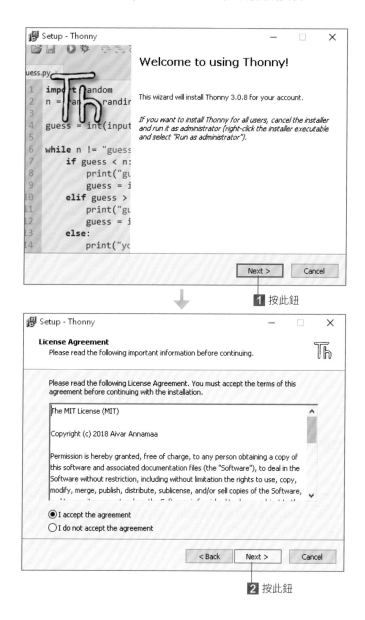

1 按此鈕

2 按此鈕

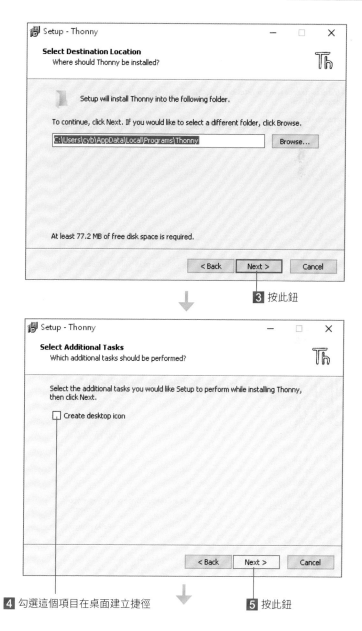

3 按此鈕

4 勾選這個項目在桌面建立捷徑

5 按此鈕

3

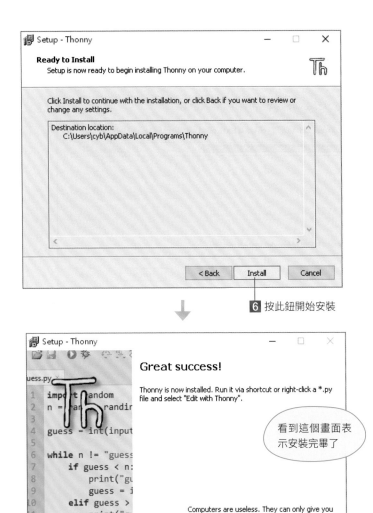

6 按此鈕開始安裝

看到這個畫面表示安裝完畢了

7 按此鈕結束安裝程序

1-2 開始寫第一行程式

完成 Thonny 的安裝後，就可以開始寫程式啦！

請按 Windows 開始功能表中的 **Thonny** 項目或桌面上的捷徑，開啟 Thonny 開發環境：

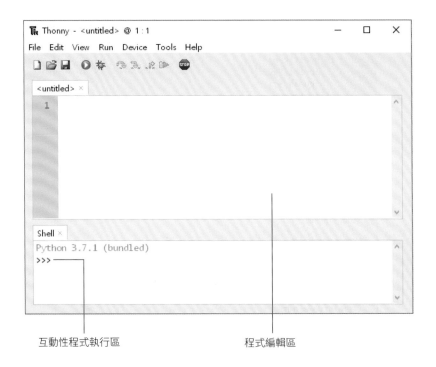

互動性程式執行區　　　　　　　　　　程式編輯區

Thonny 的上方是我們撰寫編輯程式的區域，下方 **Shell** 窗格則是互動性程式執行區，兩者的差別將於稍後說明。請如下在 **Shell** 窗格寫下我們的第一行程式

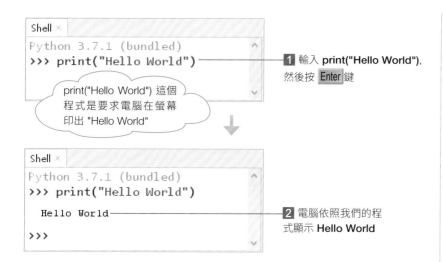

1 輸入 print("Hello World")，然後按 Enter 鍵

print("Hello World") 這個程式是要求電腦在螢幕印出 "Hello World"

2 電腦依照我們的程式顯示 Hello World

寫程式其實就像是寫劇本，寫劇本是用來要求演員如何表演，而寫程式則是用來控制電腦如何動作。

喂！電腦～唱一首歌！

我 ... 我 ... 我不知道怎麼唱

雖然說寫程式可以控制電腦，但是這個控制卻不像是人與人之間溝通那樣，只要簡單一個指令，對方就知道如何執行。您可以將電腦想像成一個動作超快，但是什麼都不懂的小朋友，當您想要電腦小朋友完成某件事情，例如唱一首歌，您需要告訴他這首歌每一個音是什麼、拍子多長才行。

所以寫程式的時候，我們需要將每一個步驟都寫下來，這樣電腦才能依照這個程式來完成您想要做的事情。

我們會在後面章節中，一步一步的教您如何寫好程式，做電腦的主人來控制電腦。

1-3 Python 程式語言

前面提到寫程式就像是寫劇本，現實生活中可以用英文、中文 ... 等不同的語言來寫劇本，在電腦的世界裡寫程式也有不同的程式語言，每一種程式語言的語法與特性都不相同，各有其優缺點。

本套件採用的程式語言是 Python，Python 是由荷蘭程式設計師 Guido van Rossum 於 1989 年所創建，由於他是英國電視短劇 Monty Python's Flying Circus (蒙提・派森的飛行馬戲團) 的愛好者，因此選中 **Python** (大蟒蛇) 做為新語言的名稱，而在 Python 的官網 (www.python.org) 中也是以蟒蛇圖案做為標誌：

Python 的蟒蛇標誌

Python 要怎麼唸啊？

Python 有 2 種唸法，英式發音為 [ˋpaiθən] (拍審)，美式發音為 [ˋpaɪθɑn] (拍賞)，這二種唸法都很通用。

Python 是一個易學易用而且功能強大的程式語言，其語法簡潔而且口語化 (近似英文寫作的方式)，因此非常容易撰寫及閱讀。更具體來說，就是 Python 通常可以用較少的程式碼來完成較多的工作，並且清楚易懂，相當適合初學者入門，所以本書將會帶領您進入 Python 的世界，學習 Python 程式語言的相關語法。

1-4 Thonny 開發環境基本操作

前面我們已經在 Thonny 開發環境中寫下第一行 Python 程式，本節將為您介紹 Thonny 開發環境的基本操作方式。

Thonny 上半部的程式編輯區是我們撰寫程式的地方：

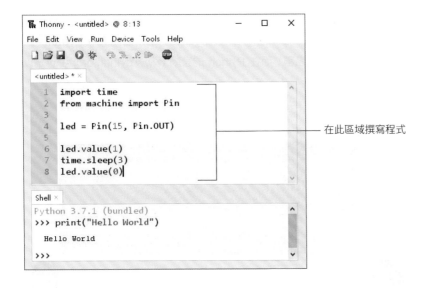

在此區域撰寫程式

可以說，上半部程式編輯區類似稿紙，讓我們將想要電腦做的指令全部寫下來，寫完後交給電腦執行，一次做完所有指令。

而下半部 Shell 窗格則是一個交談的介面，我們寫下一行指令後，電腦就會立刻執行這個指令，類似老師下一個口令學生做一個動作一樣。

所以 Shell 窗格適合用來作為程式測試，我們只要輸入一句程式，就可以立刻看到電腦執行結果是否正確。

⚠ 本書後面章節若看到程式前面有 >>>，便表示是在 **Shell** 窗格內執行與測試。

若您覺得 Thonny 開發環境的文字過小，請如下修改相關設定：

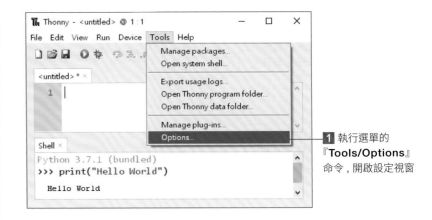

1 執行選單的『**Tools/Options**』命令，開啟設定視窗

2 切換到 **Theme & Font** 頁面

3 在此處選擇字型大小

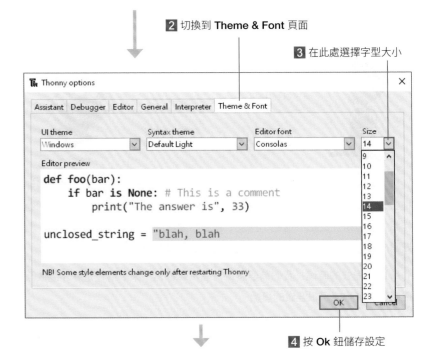

4 按 **Ok** 鈕儲存設定

如果覺得介面上的按鈕太小不好按,可以在設定視窗如下修改:

1 切換到 General 頁面

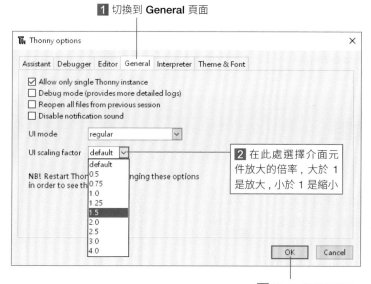

2 在此處選擇介面元件放大的倍率,大於 1 是放大,小於 1 是縮小

3 按 Ok 鈕儲存設定

日後當您撰寫好程式,請如下儲存:

按此鈕或按 Ctrl + S

若要打開之前儲存的程式或範例程式檔,請如下開啟:

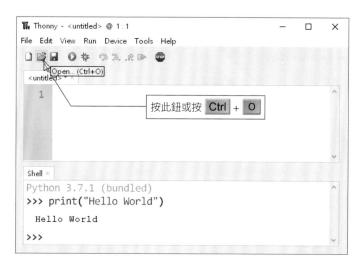

按此鈕或按 Ctrl + O

⚠ 本套件範例程式下載網址:http://www.flag.com.tw/maker/download/FM610A。

如果要讓電腦執行或停止程式,請依照下面步驟:

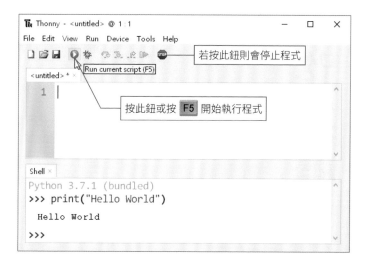

若按此鈕則會停止程式

按此鈕或按 F5 開始執行程式

CHAPTER *02*

電子電路基礎

創客實驗需要一些電子零件搭配, 因此需要了解簡單的電子電路原理。但是不用擔心, 您並不需要修完一整年的電子學課程, 也不必讀完一整本的電路學課本, 只要看完這本章簡介就可以了!

⚠ 若您已經具備電子基本知識, 可以略過本章的內容。

2-1 電壓、電流、電阻

■ 電壓、電流

在現實世界中, 水的流動稱為水流, 水流的流向與大小會由水位的高低差來決定。請將同樣的觀念類推到在電子的世界, 電子的流動稱為**電流**, 電流的流向與大小會由電位的高低差來決定:

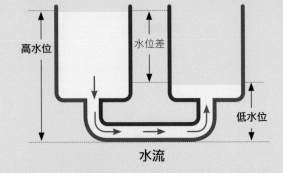

電位的高低差則被稱為**電壓**或**電位差**, 電壓的單位為伏特 (Volt, 簡稱為 V), 電流的單位是安培 (Ampere, 簡稱為 A), 電流的大小和電壓成正比。

一般我們會以大地的電位為 0, 所以電子元件或裝置若標示輸出電壓 5V, 表示其輸出電力的電位 - 大地電位 = 5V。而電子元件或裝置也常會以 GND 或 G (Ground 的簡稱) 來標示 0 電位點 (負極)。

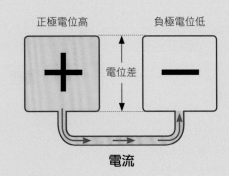

■ 電阻

電阻是物體對於電流通過的阻礙能力，在電壓固定的條件下，電阻值越高，代表阻礙能力越強，能夠通過這個物體的電流量就會越小，反之電阻值小，可通過的電流愈大。

低電阻的物體稱為導體，只要在導體兩端加上電位差 (電壓)，就會讓電流通過導體；而電阻值超高的物體則稱為絕緣體，可以阻絕電流通過。

大多數的導體都是金屬，其中銀和銅具有最低電阻值，導電性最好，我們做實驗用的導線內部便是銅線，外部則包覆塑膠作為絕緣體避免實驗者觸電。

因為導線的電阻值小到幾乎可以忽略，所以我們會直接將導線的電阻視為 0。

電阻的單位為歐姆 (Ω)，一般會用 R 代表電阻，V 來代表電壓，I 代表電流，三者的關係如下：

$$V = I \times R$$

這就是有名的歐姆定律。

電阻除了是阻礙電流的能力值以外，也是一種電子元件的名字。當我們做實驗時，為了避免電流量過大而燒壞其中的零件，會額外加上名為電阻的元件，用來阻礙電流進而控制電流的大小。

為了搭配不同的需求，市面上有各種不同電阻值的電阻可供選擇，小型電阻會以色環來表示其電阻值及誤差值，關於電阻的色環標示請參見 https://zh.wikipedia.org/wiki/電阻器#色環標示。

2-2 電子迴路

■ 迴路

電子零件的連接必須構成迴路才能產生作用，所謂迴路指的是能夠讓電流流通的電路，最簡單的電子迴路如下：

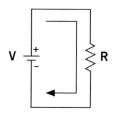

電流由正極 (+) 出發，經過電阻 R，最後流回到負極 (-)，而形成迴路。

⚠ 通常畫電路圖時，–〵〵〵– 代表電阻，— 代表電源，長邊是正極短邊是負極。

電子迴路上一定要有零件，否則會造成短路，請參見稍後說明。

■ 斷路

若是正極 (+) 出發的線路無法回到負極 (-)，此時會因為電流無法流動，造成斷路，這樣就無法構成一個迴路：

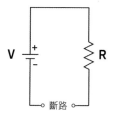

■ 短路

短路泛指用一導體 (如：電線) 接通迴路上的兩個點，因為導體的電阻幾乎為 0, 絕大部分的電流會經由新接的電線流過，而不經過原來這兩個點之間的零件，如此將使得這些零件失去功能。

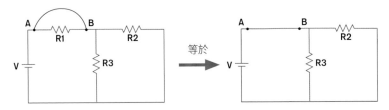

A、B 被短路, 電流直接由 A 流到 B, R1 失去作用

電流直接由 A 流到 B, R3、R2 都失去作用

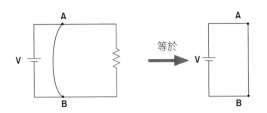

將電源短路電流直接由 A 流到 B, 因為導線電阻幾乎為 0, 電流變得很大, 電池將發熱燒毀

若如上方最後一張圖，不小心把電源的正極和負極短路，則絕大部分的電流會直接由正極流向負極，其他迴路幾乎沒有電流通過，因而失去功能。這時連接正、負極的導線因為其電阻幾乎為 0, 根據前面提到的歐姆定律 $I=V/R$, 當 R 電阻等於 0, I 電流會非常大，因而接觸的瞬間可能出現火花，乾電池可能發燙，鋰電池可能燃燒，如果是家用的 AC 電源則可能因電線走火而發生火災！操作者不可不慎！

2-3 麵包板、單心線與杜邦線

■ 麵包板

麵包板的正式名稱是免焊萬用電路板，俗稱麵包板 (bread board)。麵包板不需焊接，就可以進行簡易電路的組裝，十分快速方便。市面上的麵包板有很多種尺寸，您可依自己的需要選購。

麵包板的表面有很多的插孔。插孔下方有相連的金屬夾，當零件的接腳插入麵包板時，實際上是插入金屬夾，進而和同一條金屬夾上的其他插孔上的零件接通。

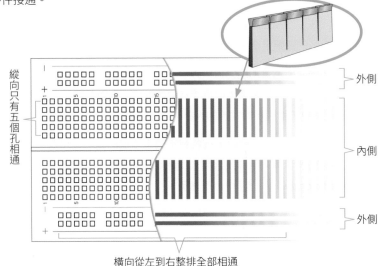

橫向從左到右整排全部相通

麵包板分內外兩側 (如上圖)。內側每排 5 個插孔的金屬夾片接通,但左右不相通,這部分用於插入電子零件。外側插孔則供正負電源使用,正電接到紅色標線處,負電則接到藍色或黑色標線處。

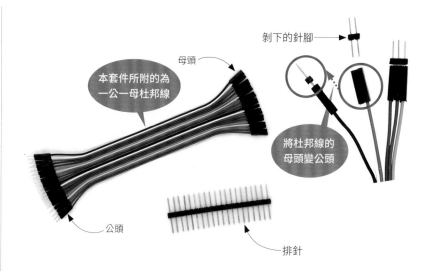

本套件所附的為一公一母杜邦線

母頭

剝下的針腳

將杜邦線的母頭變公頭

公頭

排針

硬體加油站！ 使用麵包板注意事項

使用麵包板時,要注意的事:

1. 插入麵包板的零件接腳不可太粗,避免麵包板內部的金屬夾彈性疲乏而鬆弛,造成接觸不良而無法使用。

2. 習慣上使用紅線來連接正電,黑線來連接負電 (接地線)。

3. 當實驗結束時,記得將麵包板上的零件拆下來,以免造成麵包板金屬夾的彈性疲乏。

■ 單心線

麵包板上使用的大部分是單心線,單心線是指電線內部為只有單一條金屬導線所構成的電線。適合實驗的單心線直徑為 0.6mm 左右。電線直徑是指線芯的直徑,不包含外皮。

■ 杜邦線與排針

杜邦線是二端已經做好接頭的單心線,可以很方便的用來連接麵包板及各種電子元件。杜邦線的接頭可以是公頭 (針腳) 或是母頭 (插孔),如果使用排針可以將杜邦線或裝置上的母頭變成公頭:

2-4 D1 mini 控制板

D1 mini 本套件使用的主要控制板,這是一個單晶片開發板,您可以將它想成是一部小電腦,可以用來執行 Python 撰寫的程式。

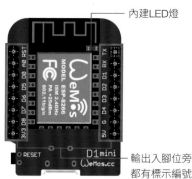

內建LED燈

輸出入腳位旁邊都有標示編號

後面章節的實驗中,我們會使用杜邦線,將電子元件連接到兩側的輸出入腳位,然後就可以藉由這些輸出入腳位控制外部的電子元件,或是從外部電子元件獲取資訊。

另外 D1 mini 還具備 Wi-Fi 連網的能力,可以將電子元件的感測資訊透過網路傳送出去,也可以從遠端控制 D1 mini。

控制 LED 亮暗

數位輸出

前兩章學習了 Python 與電子電路基本知識後, 這章就可以開始動手『學 Python 玩創客』! 我們將會學習 Python 基本語法, 然後用程式來控制 LED。

3-1 Python 物件、資料型別、變數、匯入模組

■ 物件

前面提到 Python 的語法簡潔且口語化, 近似用英文寫作, 一般我們寫句子的時候, 會以名詞搭配動詞來成句。用 Python 寫程式的時候也是一樣, Python 程式是以『**物件**』(Object) 為主導, 而物件會有『**方法**』(method), 這邊的物件就像是句子的名詞, 方法類似動詞, 請參見下面的比較表格:

寫作文章	寫 Python 程式	
車子	car	← car 物件
車子向前進	car.go()	← car 物件的 go 方法

物件的方法都是用點號 . 來連接, 您可以將 . 想成『的』, 所以 car.go() 便是 car **的** go() 方法。

方法的後面會加上括號 (), 有些方法可能會需要額外的資訊參數, 假設車子向前進需要指定速度, 此時速度會放在方法的括號內, 例如 car.go(100), 這種額外資訊就稱為『**參數**』。若有多個參數, 參數間以逗號, 來分隔。

請在 Thonny 的 **Shell** 窗格，輸入以下程式練習使用物件的方法：

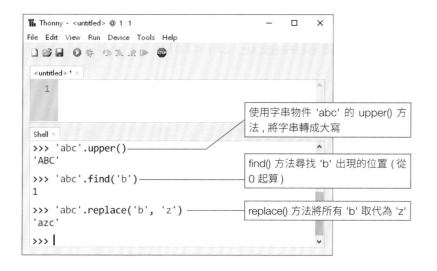

使用字串物件 'abc' 的 upper() 方法，將字串轉成大寫

find() 方法尋找 'b' 出現的位置 (從 0 起算)

replace() 方法將所有 'b' 取代為 'z'

⚠ 不同的物件會有不同的方法，本書稍後介紹各種物件時，會說明該物件可以使用的方法。

■ 資料型別

上面我們使用了字串物件來練習方法，Python 中只要用 " 或 ' 引號括起來的就會自動成為字串物件，例如 "abc"、'abc'。

除了字串物件以外，我們寫程式常用的還有整數與浮點數 (小數) 物件，例如 111 與 11.1。所以數字如果沒有用引號刮起來，便會自動成為整數與浮點數物件，若是有刮起來，則是字串物件：

```
>>> 111 + 111
222

>>> '111' + '111'
'111111'
```

我們可以看到雖然都是 111，但是整數與字串物件用 + 號相加的動作會不一樣，這是因為其資料的種類不相同。這些資料的種類，在程式語言中我們稱之為『**資料型別**』(Data Type)。

寫程式的時候務必要分清楚資料型別，兩個資料若型別不同，便可能會導致程式無法運作：

```
>>> 111 + '111'          ◀── 不同型別的資料相加發生錯誤
  Traceback (most recent call last):
    File "<pyshell>", line 1, in <module>
  TypeError: unsupported operand type(s) for +: 'int' and 'str'
```

對於整數與浮點數物件，除了最常用的加 (+)、減 (-)、乘 (*)、除 (/) 之外，還有求除法的餘數 (%)、及次方 (**)：

```
>>> 5 % 2
1
>>> 5 ** 2
25
```

■ 變數

在 Python 中，**變數**就像是掛在物件上面的名牌，幫物件取名之後，即可方便我們識別物件，其語法為：

變數名稱 = 物件

例如：

```
>>> n1 = 123456789   ◀── 將整數物件 123456789 取名為 n1
>>> n2 = 987654321   ◀── 將整數物件 987654321 取名為 n2
>>> n1 + n2          ◀── n1 + n2 實際上便是 123456789 + 987654321
1111111110
```

變數命名時只用**英**、**數字**及**底線**來命名，而第一個字不能是數字。

● 內建函式

函式 (function) 是一段預先寫好的程式,可以方便重複使用,而程式語言裡面會預先將經常需要的功能以函式的形式先寫好,這些便稱為**內建函式**,您可以將其視為程式語言預先幫我們做好的常用功能。

前面第一章用到的 print() 就是內建函式,其用途就是將物件或是某段程式執行結果列印顯示到螢幕上:

```
>>> print('abc')    ◀── 顯示物件
abc

>>> print('abc'.upper())    ◀── 顯示物件方法的執行結果
ABC

>>> print(111 + 111)    ◀── 顯示物件運算的結果
222
```

⚠ 在 **Shell** 窗格的交談介面中,程式執行結果會自動顯示在螢幕上,但未來我們執行完整程式時就不會自動顯示執行結果了,這時候就需要 print() 來輸出結果。

● 匯入模組

既然內建函式是程式語言預先幫我們做好的功能,那豈不是越多越好?理論上內建函式越多,我們寫程式自然會越輕鬆,但實際上若內建函式無限制的增加後,就會造成程式語言越來越肥大,導致啟動速度越來越慢,執行時佔用的記憶體越來越多。

為了取其便利去其缺陷,Python 特別設計了**模組** (module) 的架構,將同一類的函式打包成模組,預設不會啟用這些模組,只有當需要的時候,再用匯入 (import) 的方式來啟用。

模組匯入的語法有兩種,請參考以下範例練習:

```
>>> import time    ◀── 匯入時間相關的 time 模組
>>> time.sleep(3)    ◀── 執行 time 模組的 sleep() 函式,暫停 3 秒

>>> from time import sleep    ◀── 從 time 模組裡面匯入 sleep() 函式
>>> sleep(5)    ◀── 執行 sleep() 函式,暫停 5 秒
```

上述兩種匯入方式會造成執行 sleep() 函式的書寫方式不同,請您注意其中的差異。

3-2 安裝與設定 D1 mini

學了好多 Python 的基本語法,終於到了學以致用的時間了,我們準備用這些 Python 來玩創客的實驗囉!

剛剛我們練習寫的 Python 程式都是在個人電腦上面執行,因為個人電腦缺少對外連接的腳位,無法用來控制創客常用的電子元件,所以我們將改用 D1 mini 這個小電腦來執行 Python 程式。

● 下載與安裝驅動程式

為了讓 Thonny 可以連線 D1 mini,以便上傳並執行我們寫的 Python 程式,請先連線 http://www.wch.cn/downloads/CH341SER_EXE.html,下載 D1 mini 的驅動程式:

1 連線 http://www.wch.cn/downloads/CH341SER_EXE.html

2 按此鈕下載

若您使用 Mac 或是 Linux 系統的話,請依照您的系統點這兩個連結

下載後請雙按執行該檔案，然後依照下面步驟即可完成安裝：

1 請選**是**允許安裝

2 按此鈕進行安裝

看到 success 便表
示安裝成功了！

連接 D1 mini

由於在開發 D1 mini 程式之前，要將 D1 mini 開發板插上 USB 連接線，所以請先將 USB 連接線接上 D1 mini 的 USB 孔，USB 線另一端接上電腦：

接著在電腦左下角的開始圖示 ⊞ 上按右鈕執行『**裝置管理員**』命令 (Windows 10 系統)，或執行『**開始 / 控制台 / 系統及安全性 / 系統 / 裝置管理員**』命令 (Windows 7 系統)，來開啟裝置管理員，尋找 D1 mini 板使用的序列埠：

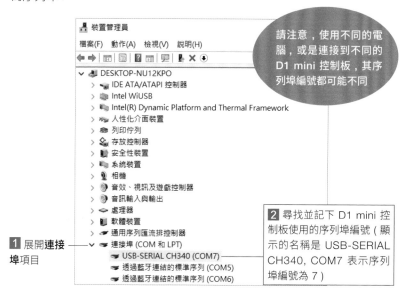

請注意，使用不同的電腦，或是連接到不同的 D1 mini 控制板，其序列埠編號都可能不同

1 展開**連接埠**項目

2 尋找並記下 D1 mini 控制板使用的序列埠編號 (顯示的名稱是 USB-SERIAL CH340, COM7 表示序列埠編號為 7)

找到 D1 mini 使用的序列埠後，請如下設定 Thonny 連線 D1 mini：

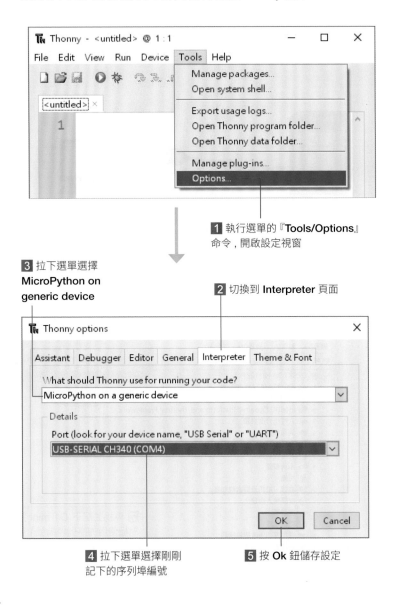

1 執行選單的『**Tools/Options**』命令，開啟設定視窗

2 切換到 **Interpreter** 頁面

3 拉下選單選擇 **MicroPython on generic device**

4 拉下選單選擇剛剛記下的序列埠編號

5 按 **Ok** 鈕儲存設定

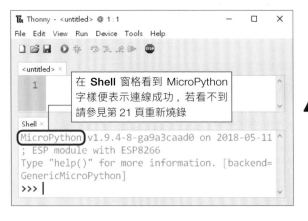

在 **Shell** 窗格看到 MicroPython 字樣便表示連線成功，若看不到請參見第 21 頁重新燒錄

⚠ MicroPython 是特別設計的精簡版 Python，以便在 D1 mini 這樣記憶體較少的小電腦上面執行。

3-3 認識 LED

　　我們將在 D1 mini 上面執行 Python 程式，用程式控制 LED 的亮暗，在寫程式之前，讓我們先來認識 LED 的特性。

　　LED，中文為發光二極體，具有一長一短兩隻接腳，若要讓 LED 發光，則需對長腳接上高電位，短腳接低電位，像是水往低處流一樣產生高低電位差讓電流流過 LED 即可發光。LED 只能往一個方向導通，若接反則稱逆向偏壓，LED 不會發光。

　　如圖所示，電池的正極代表高電位，負極代表低電位，如此接上 LED 後，電流流過 LED 即可發亮。稍後的實驗中，我們將用 D1 mini 來模擬電池的作用，讓 LED 短腳接 D1 mini 的 G 腳位 (相當於電池的負極)，另外用輸出腳位來給 LED 長腳高電位或低電位，若給高電位則導通發光，若給低電位則不會發光。

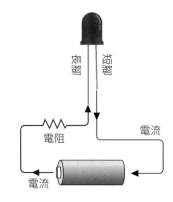

⚠ 為了避免 LED 被過大的電流燒毀，一般會加上第二章介紹過的電阻來控制電流的大小。

3-4 D1 mini 的 IO 腳位以及數位訊號輸出

在電子的世界中，訊號只分為有電跟沒電兩個值，這個稱之為**數位訊號**。在 D1 mini 兩側的腳位中，標示為 D0～D8 的 9 個腳位，可以用程式來控制這些腳位是有電還是沒電，所以這些腳位被稱為數位 IO (Input/Output) 腳位。

本章會先說明如何控制這些腳位進行數位訊號輸出，下一章會說明如何讓這些腳位輸入數位訊號。

在程式中我們會以 1 代表有電，0 代表沒有電，所以等一下寫程式時，若設定腳位的值是 1，便表示要讓腳位有電，若設定值為 0 則表示沒有電。

D1 mini 兩側數位 IO 腳位外部的標示是 D0～D8，但是實際上在 D1 mini 晶片內部，這些腳位的真正編號並不是 0～8，其腳位編號請參見右圖：

所以當我們寫程式時，必須用上面的真正編號來指定腳位，才能正確控制這些腳位。

Lab01

點亮/熄滅 LED

實驗目的	用 Python 程式控制 D1 mini 腳位，藉此點亮或熄滅該腳位連接的 LED 燈。
材料	• D1 mini • 紅色 LED • 220 Ω 電阻

■ 線路圖

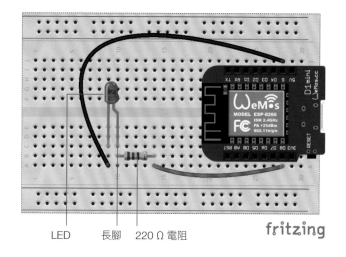

LED　　　長腳　　220 Ω 電阻

⚠ 電阻沒有方向性，線的顏色不必和圖一樣，要注意的是 LED 有分長短腳，以及腳位不要接錯。

■ 設計原理

為了在 Python 程式中控制 D1 mini 的腳位，我們必須先從 machine 模組匯入 Pin 物件：

```
>>> from machine import Pin
```

前面我們接線時，連接 LED 高腳位的是 D8 腳位，這個腳位在晶片內部的編號是 15 號，所以我們可以如下建立 15 號腳位的 Pin 物件：

```
>>> led = Pin(15, Pin.OUT)
```

上面我們建立了 15 號腳位的 Pin 物件，並且將其命名為 led，因為建立物件時第 2 個參數使用了 "Pin.OUT"，所以 15 號腳位就會被設定為輸出腳位。

然後即可使用 value() 方法來指定腳位是否要輸出電：

```
>>> led.value(1)    ←—— 有電
>>> led.value(0)    ←—— 沒電
```

■ 程式流程圖

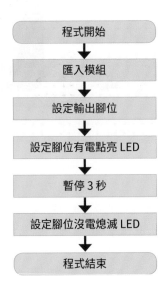

程式開始
↓
匯入模組
↓
設定輸出腳位
↓
設定腳位有電點亮 LED
↓
暫停 3 秒
↓
設定腳位沒電熄滅 LED
↓
程式結束

■ 程式設計

請在 Thonny 開發環境上半部的程式編輯區輸入以下程式碼，輸入完畢後請按 Ctrl + S 儲存檔案：

2 按此鈕或按 Ctrl + S 儲存檔案

3 按此鈕或按 F5 執行程式

1 程式編輯區輸入程式碼

```
1  # 從 machine 模組匯入 Pin 物件
2  from machine import Pin
3  # 匯入時間相關的 time 模組
4  import time
5
6  # 建立 15 號腳位的 Pin 物件，設定為輸出腳位，並命名為 led
7  led = Pin(15, Pin.OUT)
8
9  led.value(1)  # 設定腳位有電，點亮 LED
10 time.sleep(3) # 暫停 3 秒
11 led.value(0)  # 設定腳位沒電，熄滅 LED
```

⚠ 程式裡面的 # 符號代表註解，# 符號後面的文字 Python 會自動忽略不會執行，所以可以用來加上註記解說的文字，幫助理解程式意義。輸入程式碼時，可以不必輸入 # 符號後面的文字。

■ 實測

請按 F5 執行程式，即可看到 LED 點亮 3 秒後熄滅。

原來寫程式控制硬體一點都不難！

多虧有 Python 這樣易學易用的程式語言！

■ 延伸學習

1. 請修改暫停的時間，讓 LED 亮 10 秒後才關閉。

2. 請增加程式碼，讓 LED 閃爍 5 次。

3-5 Python 流程控制 (while 迴圈) 與區塊縮排

上一個實驗我們用程式點亮 LED 3 秒後熄滅，如果我們想要做出一直閃爍的效果，該不會要寫個好幾萬行控制有電沒電的程式吧？！

當然不是！如果需要重複執行某項工作，可利用 Python 的 while 迴圈來依照條件重複執行。其語法如下：

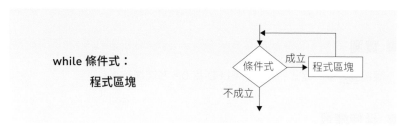

while 條件式：
　　程式區塊

while 會先對條件式做判斷，如果條件成立，就執行接下來的程式區塊，然後再回到 while 做判斷，如此一直循環到條件式不成立時，則結束迴圈。

只要手沒斷 (條件式) 就一直重複 (while 迴圈) 做伏地挺身 (程式區塊)！

嗚～我要打家暴專線 ...

通常我們寫程式控制硬體時，大多數的狀況下都會希望程式永遠重複執行，此時條件式就可以用 **True** 這個關鍵字來代替，True 在 Python 中代表『成立』的意義。

⚠ 關鍵字是 Python 保留下來有特殊意義的字。

例如我們要做出 LED 一直閃爍的效果，便可以使用以下程式碼：

```
while True:            # 一直重複執行
    led.value(1)      # 點亮 LED
    time.sleep(0.5)   # 暫停 0.5 秒
    led.value(0)      # 熄滅 LED
    time.sleep(0.5)   # 暫停 0.5 秒
```

請注意！如上所示，屬於 while 的程式區塊要『以 4 個空格向右縮排』，表示它們是屬於上一行 (while) 的區塊，而其他非屬 while 區塊內的程式『不可縮排』，否則會被誤認為是區塊內的敘述。

其實 Python 允許我們用任意數量的空格或定位字元 (Tab) 來縮排，只要同一區塊中的縮排都一樣就好。不過建議使用 4 個空格，這也是官方建議的用法。

區塊縮排是 Python 的特色，可以讓 Python 程式碼更加簡潔易讀。其他的程式語言大多是用括號或是關鍵字來決定區塊，可能會有人寫出以下程式碼：

沒有縮排全都擠在一起的程式碼

就像寫作文規定段落另起一行並空格一樣，在區塊縮排強制性規範之下，Python 程式碼便能維持一定基本的易讀性。

Lab02

閃爍 LED

實驗目的	用 Python 的 while 迴圈重複執行 LED 的控制程式，使其每 0.5 秒閃爍一次。
材料	● D1 mini ● 紅色 LED ● 220 Ω 電阻

■ 線路圖

同 Lab 01。

■ 程式流程圖

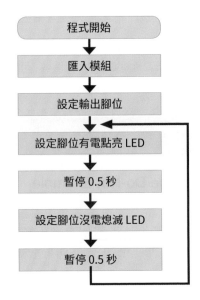

程式開始 → 匯入模組 → 設定輸出腳位 → 設定腳位有電點亮 LED → 暫停 0.5 秒 → 設定腳位沒電熄滅 LED → 暫停 0.5 秒

■ 程式設計

請在 Thonny 開發環境上半部的程式編輯區輸入以下程式碼，輸入完畢後請按 Ctrl + S 儲存檔案：

```
01 # 從 machine 模組匯入 Pin 物件
02 from machine import Pin
03 # 匯入時間相關的 time 模組
04 import time
05
06 # 建立 15 號腳位的 Pin 物件，設定為輸出腳位，並命名為 led
07 led = Pin(15, Pin.OUT)
08
09 while True:          # 一直重複執行
10     led.value(1)     # 點亮 LED
11     time.sleep(0.5)  # 暫停 0.5 秒
12     led.value(0)     # 熄滅 LED
13     time.sleep(0.5)  # 暫停 0.5 秒
```

■ 實測

請按 F5 執行程式，即可看到 LED 每 0.5 秒閃爍一次。

■ 延伸練習

1. 請修改暫停的時間，讓 LED 閃爍速度加快為每秒閃 5 下。

2. 請將這個實驗改成 LED 每隔 3 秒快閃 2 下。

3. 請增加 1 個 LED 變成共 2 個 LED，然後讓 2 個 LED 交互閃爍。

⚠ 如果想要讓程式在 D1 mini 開機自動執行，請在 Thonny 開啟程式檔後，執行選單的『**Device/Upload current script as main scrpt**』命令。若想要取消開機自動執行，請上傳一個空的程式即可。

軟體補給站！ 安裝 MicroPython 到 D1 mini 控制板

如果你從市面上購買新的 D1 mini 控制板，預設並不會幫您安裝 MicroPython 環境到控制板上，請依照以下步驟安裝：

1. 請依照第 3-2 節下載安裝 D1 mini 控制板驅動程式，並檢查連接埠編號。
2. 請至 http://www.flag.com.tw/download/FM610A 下載範例檔案後解開壓縮檔。
3. 執行解開的範例中『燒錄韌體』資料夾下的『燒錄韌體 .bat』：

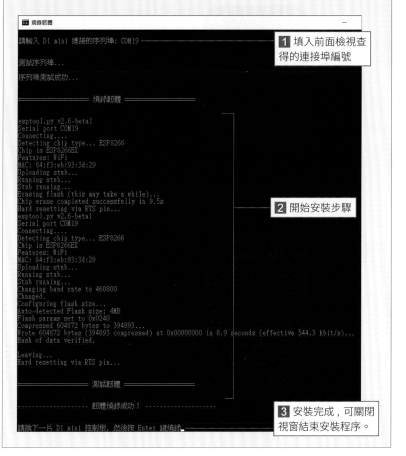

1 填入前面檢視查得的連接埠編號

2 開始安裝步驟

3 安裝完成，可關閉視窗結束安裝程序。

MEMO

04

讀取按鈕

數位輸入

上一章我們學會數位輸出, 有輸出自然也需要有輸入, 本章我們將學習如何用數位輸入來接收外部訊號。

4-1 　瞭解數位輸入

數位輸出是讓腳位以高電位 (1)、低電位 (0) 來對外輸出數位訊號, 對 D1 mini 控制板而言是輸出端, 外部裝置就是輸入端:

輸出端　　　　　　　　　　　　外部裝置

輸入端

除了對外輸出以外, D1 mini 控制板的腳位也可以變成數位輸入端, 接收外部裝置輸出的數位訊息:

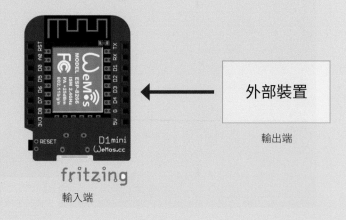

輸入端　　　　　　　　　　　　外部裝置

輸出端

當腳位變成數位輸入端之後, 就可以得知外部裝置的輸出是有電 (高電位, 1) 還是沒電 (低電位, 0), 藉此設計程式做出相對應的動作。

4-2 認識電容式觸控按鈕

傳統的機械式按鈕, 在操作時通常需要稍微用點力, 而且還會發出聲響, 另外使用久了也容易因老化或磨損而失靈。

觸控按鈕則具備操作容易、安靜、美觀耐用等特性, 在現代生活中已逐漸取代傳統的機械開關。例如觸控燈、手機、鬧鐘、微波爐、冷氣機、血壓計 ... 等等, 都常可見到觸控開關的蹤影。

觸控開關的原理, 就是利用電容來感測人體 (手指) 的觸摸, 當有觸摸時就送出高電位, 否則送出低電位, 下圖是本套件使用的觸控按鈕模組:

1 號按鈕有觸碰時, OUT1 腳位會輸出高電位, 否則輸出低電位

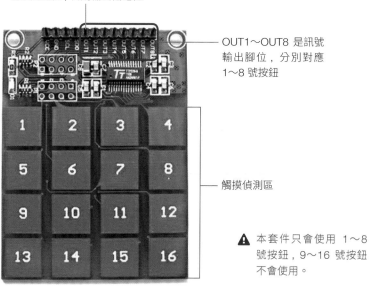

OUT1～OUT8 是訊號輸出腳位, 分別對應 1～8 號按鈕

觸摸偵測區

⚠ 本套件只會使用 1～8 號按鈕, 9～16 號按鈕不會使用。

Lab03

讀取觸控按鈕的輸入值

實驗目的	用程式讀取觸控按鈕的輸入值, 藉以判斷按鈕是否有被觸碰
材料	● D1 mini ● 電容式觸控按鈕模組

■ 線路圖

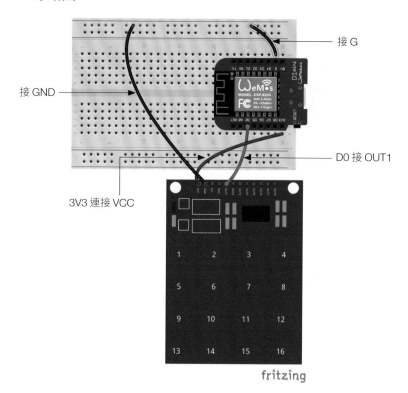

接 G

接 GND

D0 接 OUT1

3V3 連接 VCC

fritzing

23

■ 設計原理

當我們建立腳位的 Pin 物件時，可用 **"Pin.IN"** 作為參數，設定這個腳位為輸入腳位：

```
>>> from machine import Pin
>>> button = Pin(16, Pin.IN)
```

上面我們建立了 16 號腳位的 Pin 物件，並且將其命名為 button，因為建立物件時使用了 **"Pin.IN"** 參數，所以 16 號腳位就會被設定為輸入腳位。

建立好輸入腳位的 Pin 物件後，便可以使用 value() 方法來讀取外部裝置輸出的電位高低：

```
>>> button.value()
0                    ← 讀到 0 表示外部裝置輸出低電位
>>> button.value()
1                    ← 讀到 1 表示外部裝置輸出高電位
```

■ 程式流程圖

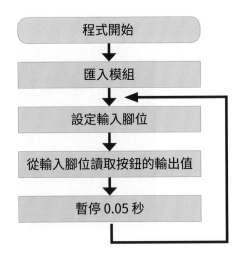

■ 程式設計

```
01 from machine import Pin
02 import time
03
04 # 建立 16 號腳位的 Pin 物件，設定為輸入腳位，並命名為 button
05 button = Pin(16, Pin.IN)
06
07 while True:
08     # 用 value() 方法從 16 號腳位讀取按鈕輸出的高低電位
09     # 然後將讀到的值用 print() 輸出
10     print(button.value())
11
12     # 暫停 0.05 秒
13     time.sleep(0.05)
```

第 13 行暫停 0.05 秒是為了避免迴圈執行過快，輸出過多資料，會導致 Thonny 反應不及而當掉。

■ 實測

請按 F5 執行程式，然後用手指觸摸一下觸控按鈕模組的 1 號按鈕，在 Thonny 的 Shell 窗格觀察程式輸出的值：

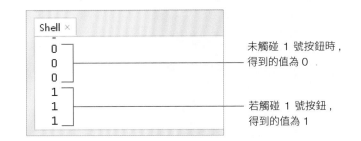

未觸碰 1 號按鈕時，得到的值為 0

若觸碰 1 號按鈕，得到的值為 1

4-3　Python 流程控制 (if...else)

第一章提到寫程式就像是在寫劇本一樣，我們將想做的事情一件一件寫下來讓電腦照著做，就是程式設計。

之前我們寫的程式都很單純，都是幾個動作讓電腦重複一直做就好了，不過生活總是充滿各種可能性，若我們想要讓電腦遇到不同狀況時做不同的動作，便需要使用 if...else 的語法。

■ if

if 可以在程式中做「**如果 ... 就 ...**」的判斷，寫法如下：

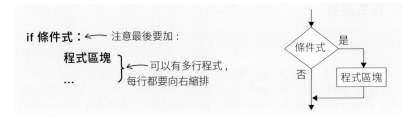

以上就是「當**條件式**成立時就執行**程式區塊**」內的敘述，否則略過**程式區塊**。例如：

```
if a < 1:
    a = a + 1
    b = a + 3     程式區塊
print(b)  ← 接下來的程式未縮排，不屬於 if 區塊了
...
```

條件式可以用 > (大於)、>= (大於等於)、< (小於)、<= (小於等於)、== (等於)、!= (不等於) 來比較。

和 while 一樣屬於 if 的程式區塊要「以 4 個空格向右縮排」，表示它們是屬於上一行 (if...:) 的區塊，而其他非區塊內的敘述則「不可縮排」，否則會被誤認為是區塊內的敘述。

■ if...elif...else...

如果想讓 if 多做一點事，例如「**如果 ... 就 ... 否則就 ...**」，那麼可加上 else：

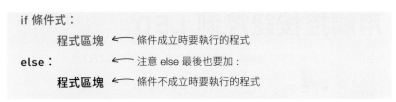

又如果想做更多的判斷，例如「**如果 x 就 A 否則如果 y 就 B 否則就 C**」，則可再加上代表**否則如果**的 elif：

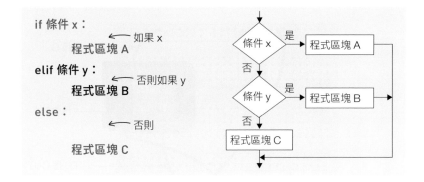

以上 elif 可以視需要加入多個，而 else 如果有的話則要放在最後。例如下面範例用分數來判斷成績等第 (A~C)：

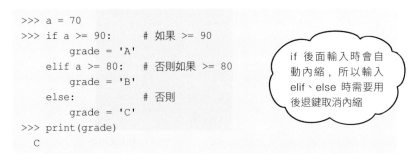

if 後面輸入時會自動內縮，所以輸入 elif、else 時需要用後退鍵取消內縮

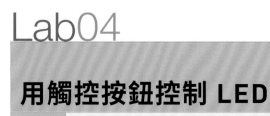

Lab04

用觸控按鈕控制 LED

實驗目的	如果觸控按鈕被觸碰, 便點亮 LED 燈, 否則便熄滅 LED 燈。
材料	• D1 mini • 紅色 LED • 電容式觸控按鈕模組 • 220 Ω 電阻

■ 線路圖

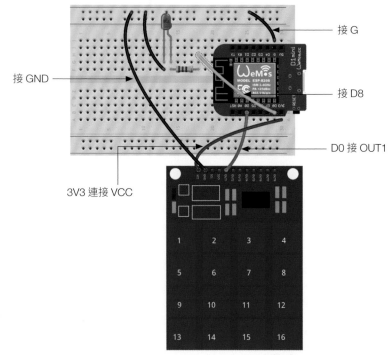

接 GND
3V3 連接 VCC
接 G
接 D8
D0 接 OUT1

fritzing

■ 程式流程圖

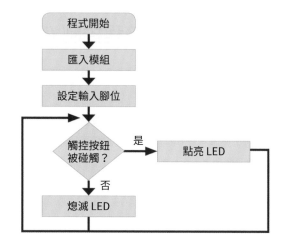

■ 程式設計

```
01 from machine import Pin
02
03 # 建立 15 號腳位的 Pin 物件, 設定為輸出腳位, 並命名為 led
04 led = Pin(15, Pin.OUT)
05 # 建立 16 號腳位的 Pin 物件, 設定為輸入腳位, 並命名為 button
06 button = Pin(16, Pin.IN)
07
08 while True:
09     if button.value() == 1:   # 如果觸控按鈕被碰觸
10         led.value(1)          # 點亮 LED
11     else:                     # 否則 (觸控按鈕沒有碰觸)
12         led.value(0)          # 熄滅 LED
```

■ 實測

　　請按 F5 執行程式, 然後用手指觸碰觸控按鈕模組的 1 號按鈕, 即可看到 LED 被點亮, 若放開則 LED 便會熄滅。

■ 延伸練習

1. 請將這個實驗改成按 1 號鈕開燈, 按 2 號鈕關燈。
2. 請將這個實驗改成按一下開燈, 再按一下關燈。

CHAPTER **05**

光感應自動電燈 類比輸入

每當黃昏夕陽西下, 天色逐漸暗下來的時候, 路燈總會感應到光線不足自動打開, 是不是覺得很神奇呢? 其實裡面的原理與程式並不難, 本章就讓我們自己動手做一個會自動感應光線的電燈。

5-1 認識光敏電阻

光敏電阻 (photoresistor) 是一種會因為光線明暗而改變導電效應的電阻, 電阻值與光線亮度成反比, 光線越亮則電組越小, 所以我們可以利用光敏電阻來偵測目前環境的明暗度。

不過 D1 mini 控制板並沒有偵測電阻值的能力, 為了取得光敏電阻的偵測結果, 我們將採用電壓分配規則來計算光敏電阻的電阻變化。

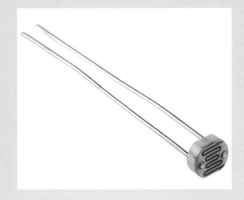

所謂電壓分配規則, 是指同一串連電路上, 各個元件消耗的電壓與其電阻成正比, 假設有一個電路如右:

若電阻 A 與電阻 B 的電阻值比例為 3:2, 那麼電阻 A 與電阻 B 消耗的電壓比例也會是 3:2, 所以供給 5V 電壓後, 電阻 A 會消耗 3V 電壓, 電阻 B 會消耗 2V 電壓, 這個稱為**分壓**, 若我們在電路的 C 點偵測電壓, 會獲得 2V 電壓值。

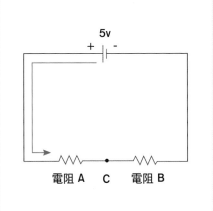

如果這個電路只
有一個電阻呢？

那就是一人獨享啦！
不論其電阻值大小，
這個電阻都會直接用
掉整個 5V 電壓

因此只要將電阻 A 換成光敏電阻，當我們測量通過光敏電阻壓降後的電壓時，偵測到的電壓越大，也就是光敏電阻的電阻越小 (消耗電壓越少)，便代表亮度越大。

5-2 使用 ADC 偵測電壓變化

在電子的世界中，訊號只分為有電跟沒電兩個值，這個稱之為**數位訊號** (0/1、High/Low、或 On/Off)，所以前面章節我們使用 D1 mini 輸出或輸入時，只能輸出 / 輸入高、低電位兩個值。

但電壓變化不是這樣的二分值，而是連續的變化，例如 1V、2.1V 等都是可能的值，這種訊號稱為**類比值**。

為了偵測光敏電阻導致的電壓變化，必須透過 **ADC (Analog-to-Digital Conversion, 類比數位轉換器)**，將電壓值轉換為電腦可以讀取的數位值。

D1 mini 控制板具備 ADC 的是 A0 腳位，當 A0 腳位有電壓輸入時，ADC 會將 0～3.2V 電壓範圍轉成 0～1024 再傳給 D1 mini。所以傳回值 1024 就是 3.2V 電壓輸入，341 表示大約 1.1V 電壓輸入。也就是說，將傳回值先除以 1024 再乘上 3.2 就可以換算成電壓。

Lab05

讀取光敏電阻的輸入值

實驗目的	用程式讀取光敏電阻壓降後的電壓。
材料	● D1 mini ● 光敏電阻 ● 220 Ω 電阻

■ 線路圖

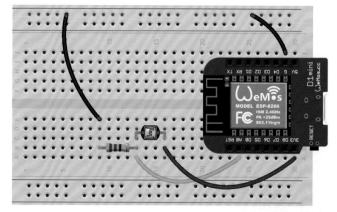

fritzing

■ 設計原理

請使用以下語法建立 A0 腳位的 ADC 物件：

```
>>> from machine import ADC
>>> adc = ADC(0)
```

然後使用 read() 方法即可讀取 ADC 轉換後的數值, 數值越大表示電壓越大:

```
>>> adc.read()
152
>>> adc.read()
168
```

■ 程式流程圖

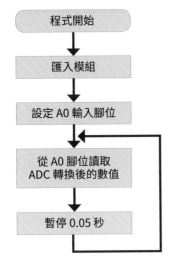

■ 程式設計

```
01 from machine import ADC
02 import time
03
04 # 建立 A0 腳位的 ADC 物件, 並命名為 adc
05 adc = ADC(0)
06
```

```
07 while True:
08     # 用 read() 方法從 A0 號腳位讀取 ADC 轉換後的數值
09     # 然後將讀到的值用 print() 輸出
10     print(adc.read())
11
12     # 暫停 0.05 秒
13     time.sleep(0.05)
```

■ 實測

請按 F5 執行程式, 然後用手放在光敏電阻上面擋住光線, 在 Thonny 的 Shell 窗格觀察程式輸出的值:

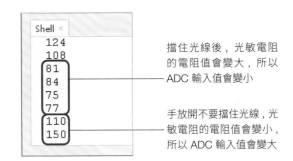

經過實測後, 我們發現光線不足時 ADC 輸入值會小於 100, 光線充足的話 ADC 輸入值會大於 100, 所以接下來我們會用 100 這個數值來判斷光線是否充足。

⚠ 您可以依照自己實測的結果來挑選適當的數值。

■ 延伸練習

1. 請用 PWM 值換算成電壓值, 然後顯示到螢幕上。

Lab06

光感應自動電燈

實驗目的	偵測環境光線不足自動打開電燈，或光線充足則關閉電燈。
材料	• D1 mini • 光敏電阻	• 紅色 LED • 220 Ω 電阻 × 2

■ 線路圖

fritzing

■ 程式流程圖

設定 A0 輸入腳位

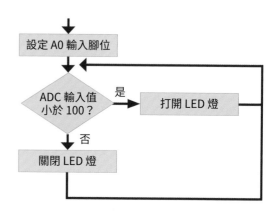

■ 程式設計

```
01 from machine import ADC, Pin
02
03 # 建立 A0 腳位的 ADC 物件，並命名為 adc
04 adc = ADC(0)
05 # 建立 15 號腳位的 Pin 物件，設定為輸出腳位，並命名為 led
06 led = Pin(15, Pin.OUT)
07
08 while True:
09     if adc.read() < 100:  # 光線不足
10         led.value(1)      # 打開 LED 燈
11     else:                 # 否則
12         led.value(0)      # 關閉 LED 燈
```

■ 實測

　請按 F5 執行程式，然後用手放在光敏電阻上面擋住光線，此時可以看到 LED 燈亮起，將手移走則 LED 會熄滅。

■ 延伸練習

1. 請增加 2 個 LED 變成共 3 個 LED，然後依照光線的明暗度，越暗則亮越多燈，光線最暗時亮 3 個燈，光線最亮時不亮燈。

CHAPTER <u>06</u>

LED 呼吸燈

類比輸出

呼吸燈是常見的 LED 燈光效果, LED 會由暗至亮逐漸亮起, 然後由亮至暗逐漸熄滅, 感覺好像是人吸氣吐氣的呼吸感, 本章就讓我們來實作一個 LED 呼吸燈。

6-1　用 PWM 類比輸出控制 LED 亮度

第 3 章我們曾經說明 LED 的發光方式是長腳接高電位, 短腳接低電位, 像水往低處流一樣產生高低電位差, 讓電流流過 LED 即可發光。若是長腳連接的電壓越高, LED 發出的光就會越亮。

但是在電子數位的世界裡面, 狀態只有 0/1 (無 / 有、關 / 開) 兩種, 因此 D1 mini 控制板上的 IO 腳位電壓輸出只能有 0V 與 3.3V 兩種, 為了要控制 LED 的亮度, 我們將採用 **PWM (Pulse Width Modulation, 脈波寬度調變)**。

PWM 的概念很簡單, 數位世界只有 0/1, 所以只有高、低電位兩種變化, 但是我們可以加上時間因素, 以通電時間的長短來呈現強弱的概念。

當同樣單位時間內 LED 通電的時間較久, LED 的亮度會較高; 反之就會讓 LED 的亮度變低。也就是說只要以 PWM 改變單位時間內的通電時間, 即可模擬輸出不同電壓的電流, 因而讓 LED 有不同的亮度。

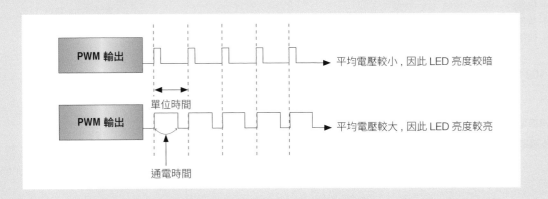

由於 PWM 是不斷的在高、低電位間切換，也就是說 LED 實際上是不斷在通電、斷電間切換，若切換的速度 (頻率) 很快，感覺就會像是輸出連續的電力。

設定 PWM 時，PWM 是以百分比 (稱為 Duty Cycle, 負載率，亦稱佔空比) 來表示。例如 D1 mini 的 PWM 最大值為 1023，若是設定 PWM 值為 818，則負載率等於 818÷1023 約為 80%，表示該腳位 80% 的時間是高電位。

6-2 Python 流程控制 (for 迴圈)

當我們用 PWM 控制 LED 亮度時，可以使用的值為 0～1023，所以若要寫程式控制 LED 顯示呼吸燈的效果時，最直覺的步驟如下；

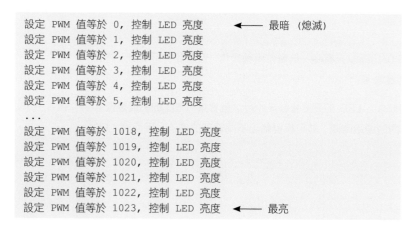

```
設定 PWM 值等於 0, 控制 LED 亮度        ←── 最暗 (熄滅)
設定 PWM 值等於 1, 控制 LED 亮度
設定 PWM 值等於 2, 控制 LED 亮度
設定 PWM 值等於 3, 控制 LED 亮度
設定 PWM 值等於 4, 控制 LED 亮度
設定 PWM 值等於 5, 控制 LED 亮度
...
設定 PWM 值等於 1018, 控制 LED 亮度
設定 PWM 值等於 1019, 控制 LED 亮度
設定 PWM 值等於 1020, 控制 LED 亮度
設定 PWM 值等於 1021, 控制 LED 亮度
設定 PWM 值等於 1022, 控制 LED 亮度
設定 PWM 值等於 1023, 控制 LED 亮度        ←── 最亮
```

總計有 1024 個步驟，如果一個一個步驟寫在程式裡面的話，豈不累煞人啊！

為了解決這個問題，Python 提供了 for 迴圈的語法，for 迴圈可將容器中的元素一一讀取出來做處理，其語法如下：

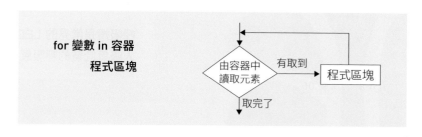

for 變數 in 容器
　　程式區塊

由容器中讀取元素　有取到　→　程式區塊
取完了

⚠ 與 while 和 if 一樣，for 迴圈的程式區塊也要內縮 4 個空白。

為了產生一個有 0~1023 數值的容器，我們還可以使用 Python 內建的 range() 來產生一個指定範圍的數列容器，其語法如下：

```
range(x)        ←── 產生「由 0 到 x 但不包含 x」的數列
range(x, y)     ←── 產生「由 x 到 y 但不包含 y」的數列
range(x, y, z)  ←── 產生「由 x 到 y 但不包含 y, 間隔為 z」的數列
```

for 迴圈搭配 range() 的範例如下：

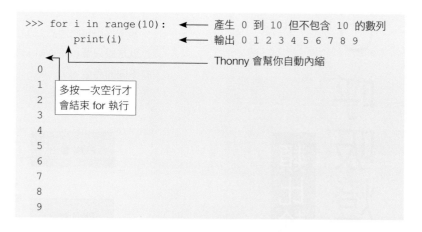

```
>>> for i in range(10):     ←── 產生 0 到 10 但不包含 10 的數列
        print(i)            ←── 輸出 0 1 2 3 4 5 6 7 8 9
                            ←── Thonny 會幫你自動內縮
0
1     多按一次空行才
2     會結束 for 執行
3
4
5
6
7
8
9
```

上面的 range() 會產生 0 到 10 但不包含 10 的數列，for 迴圈每次會取出一個數字給 i 變數，所以 print(i) 就會依序輸出 0 1 2 3 4 5 6 7 8 9。

```
>>> for i in range(1, 11):        ◀── 產生 1 到 11 但不包含 11 的數列
        print(i)                  ◀── 輸出 1 2 3 4 5 6 7 8 9 10

1
2
3
4
5
6
7
8
9
10

>>> for i in range(1, 10, 2):     ◀── 產生 1~9 的奇數數列
        print(i)                  ◀── 輸出 1 3 5 7 9

1
3
5
7
9

>>> for i in range(9, 0, -2):     ◀── 間隔為負數時, x 要大於 y
        print(i)                  ◀── 輸出 9 7 5 3 1

9
7
5
3
1
```

⚠ 可以用「有頭無尾」的口訣來記憶 range() 會產生的數列！

Lab07

漸亮 LED 燈

實驗目的	用 PWM 控制 LED 的亮度, 使其由暗至亮逐漸亮起。
材料	● D1 mini ● 紅色 LED ● 220 Ω 電阻

■ 線路圖

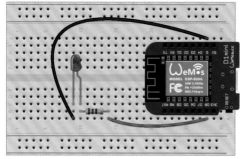

fritzing

■ 設計原理

當我們建立腳位的 Pin 物件後, 將這個 Pin 物件作為參數再建立 PWM 物件, 便可以設定這個腳位為 PWM 輸出腳位:

```
>>> from machine import Pin, PWM
>>> led = PWM(Pin(15))
```

然後即可使用 duty() 方法來指定 PWM 的輸出值:

```
>>> led.duty(1023)  ← 設定 PWM 輸出值為 1023 (最亮)
>>> led.duty(0)     ← 設定 PWM 輸出值為 0 (最暗)
```

■ 程式流程圖

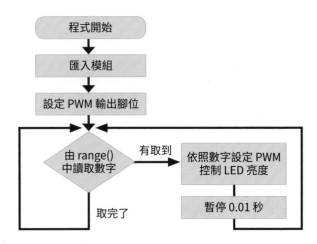

■ 程式設計

```
01 from machine import Pin, PWM
02 import time
03
04 # 建立 15 號腳位的 PWM 物件, 並命名為 led
05 led = PWM(Pin(15))
06
07 while True:
08     # range() 會產生 0 到 1024 但不包含 1024, 間隔為 10 的數列
09     for i in range(0, 1024, 10):
10         led.duty(i)   # 設定 PWM 輸出值控制 LED 亮度
11         time.sleep(0.01)
```

■ 實測

請按 F5 執行程式, 即可看到 LED 由暗到亮逐漸亮起。

■ 延伸練習

1. 請將 LED 燈漸亮的速度變慢。

Lab08

LED 呼吸燈

實驗目的	用 PWM 控制 LED 的亮度, 使其由暗至亮逐漸亮起, 然後由亮至暗逐漸熄滅, 產生呼吸的效果。。
材料	● D1 mini ● 紅色 LED ● 220 Ω 電阻

■ 線路圖

與 Lab07 相同。

■ 程式流程圖

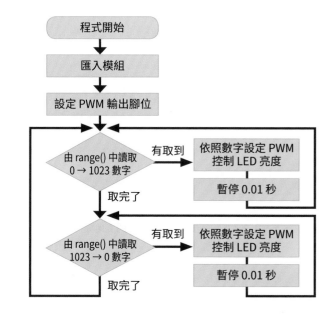

■ 程式設計

```
01 from machine import Pin, PWM
02 import time
03
04 # 建立 15 號腳位的 PWM 物件, 並命名為 led
05 led = PWM(Pin(15))
06
07 while True:
08     # 漸亮
09     for i in range(0, 1024, 10): # 從 range() 中讀取 0→1023
10         led.duty(i)
11         time.sleep(0.01)
12
13     # 漸暗
14     for i in range(1023, -1, -10): # 從 range() 中讀取 1023→0
15         led.duty(i)
16         time.sleep(0.01)
```

■ 實測

請按 F5 執行程式, 即可看到 LED 由暗到亮逐漸亮起, 然後由亮至暗逐漸熄滅。

■ 延伸練習

1. 請增加 1 個 LED 變成共 2 個 LED，然後讓 2 個 LED 交互顯示呼吸燈效果。

休息一下！

CHAPTER 07

霹靂車跑馬燈

撰寫程式的樂趣就在於相同的結果可以用不同的方式達成，有些看起來很複雜冗長的程式，換個方式寫，就可以變得很簡潔，少打許多字，護手保健康喔！

在這一章中，我們要開始接觸 Python 程式語言中比較複雜的資料類型，利用不同的資料類型來幫助我們簡化程式，不但可以減少程式敘述的數量，也能夠更清楚地表達程式的邏輯與流程。

7-1　資料的容器：串列 (list)

在前面的章節中，我們已經學過如何點亮、熄滅 LED。現在，請思考一下，如果有 7 顆 LED，要求您撰寫一個跑馬燈程式，也就是讓這 7 顆 LED 輪流亮起，一開始只有第 1 顆 LED 亮，隔一小段時間變成只有第 2 顆 LED 亮,....，依此類推，最後只有第 7 顆 LED 亮，然後再不斷重複以上流程，你會如何撰寫程式呢？

軟體補給站！ 霹靂車是什麼？

本章的標題『霹靂車』其實是 1980 年代的美國影集**霹靂遊俠**中一輛由電腦控制的車子，它可以自動駕駛、跟人對答聊天、辨識人臉，甚至在那個網際網路還沒普及的年代，還能夠查到許多罪犯的資訊，想像力驚人。這部車外表最大的特徵就是車頭有一排紅燈，會顯示如同本章所要製作的跑馬燈特效。如果你想看看這部有趣的車子，可以在 YouTube 上查到許多這部影集的影片片段：

假設這 7 顆 LED 的接線如下:

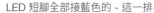

LED 短腳全部接藍色的 - 這一排

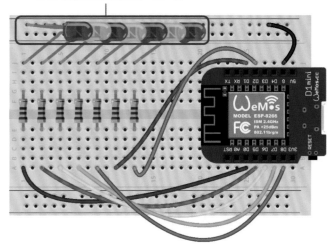

fritzing

最直覺的的程式寫法如下:

```
01 from machine import Pin
02 import time
03
04 while True:                              # 重複跑馬燈
05     led = Pin(16, Pin.OUT)    # 設定腳位為輸出
06     led.value(1)                    # 點亮第 1 顆燈
07     time.sleep(0.1)               # 等待 0.1 秒
08     led.value(0)                    # 熄滅第 1 顆燈
09     led = Pin(14, Pin.OUT)    # 設定腳位為輸出
10     led.value(1)                    # 點亮第 2 顆燈
11     time.sleep(0.1)               # 等待 0.1 秒
```

```
12     led.value(0)                    # 熄滅第 2 顆燈
13     led = Pin(12, Pin.OUT)    # 設定腳位為輸出
14     led.value(1)                    # 點亮第 3 顆燈
15     time.sleep(0.1)               # 等待 0.1 秒
16     led.value(0)                    # 熄滅第 3 顆燈
17     led = Pin(13, Pin.OUT)    # 設定腳位為輸出
18     led.value(1)                    # 點亮第 4 顆燈
19     time.sleep(0.1)               # 等待 0.1 秒
20     led.value(0)                    # 熄滅第 4 顆燈
21     led = Pin(15, Pin.OUT)    # 設定腳位為輸出
22     led.value(1)                    # 點亮第 5 顆燈
23     time.sleep(0.1)               # 等待 0.1 秒
24     led.value(0)                    # 熄滅第 5 顆燈
25     led = Pin(5, Pin.OUT)      # 設定腳位為輸出
26     led.value(1)                    # 點亮第 6 顆燈
27     time.sleep(0.1)               # 等待 0.1 秒
28     led.value(0)                    # 熄滅第 6 顆燈
29     led = Pin(4, Pin.OUT)      # 設定腳位為輸出
30     led.value(1)                    # 點亮第 7 顆燈
31     time.sleep(0.1)               # 等待 0.1 秒
32     led.value(0)                    # 熄滅第 7 顆燈
```

這個程式就是把我們在第 3 章學到的程式片段複製 7 次,每次針對不同的腳位點亮、熄滅 LED 而已。您可能已經發現到這個程式又臭又長,其中大部分的程式都是一樣的,唯一變化的就只有指定腳位編號時的數值不同。如果可以像是前一章利用 for 敘述搭配 range() 函式那樣重複相似的工作,就可以簡化這個程式。但是 for 加 range() 函式的組合只能依照**循序規律增減的數值**運作,但這裡的腳位編號並不符合這樣的規律,所以無法直接套用。

■ 可循序放置 / 取出資料的串列 (list)

在 Python 語言中，提供有一種特別的資料類型，叫做『**串列 (list)**』。串列就像一個容器，可以讓您隨意放置多項資料，這些資料稱為『元素』(element)，會依序排列放置，並且可以搭配 for 敘述循序取出個別元素。例如：

```
>>> leds = [16, 14, 12, 13, 15, 5, 4]
>>> for i in leds:
        print(i)

16
14
12
13
15
5
4
```

其中以成對的**中括號 []** 包夾的就是串列，在這個例子中串列內共有 7 個元素，元素間以逗點相隔，依序分別是 16、14、12、13、15、5、4，實際上也依照這樣的順序放置。建立了串列後，就可以比照 range() 使用 for 敘述依序取出其中的個別元素，放入指定的變數後操作，上例中就將串列內的元素一一透過 print() 顯示，從執行結果可以看到顯示的順序和建立串列時的排列順序一致。

有了串列，我們就可以把控制個別 LED 的腳位編號依序放入串列，再利用 for 敘述一一取出個別腳位編號，製作跑馬燈效果了。

⚠ 下一章會介紹的『字典 (dictionary)』，也是一種能夠存放多個元素的容器，但是每一個元素都具有獨一無二的名字，可以用名字來取得對應的資料。

Lab09

單向 LED 跑馬燈

實驗目的	製作 7 顆 LED 的跑馬燈，讓每顆 LED 輪流點亮、熄滅，不斷重複。	
材料	• D1 mini	• 220Ω 電阻 × 7
	• LED (顏色不拘) × 7	• 杜邦線與排針若干

■ 線路圖

LED 短腳全部接藍色的 - 這一排

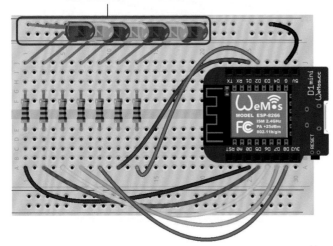

fritzing

■ 設計原理

使用 Python 語言中的串列存放控制個別 LED 的腳位編號，並且利用 for 敘述從串列中依序取出個別腳位編號後控制 LED 亮、滅，製造出 7 顆 LED 輪流亮起來的效果。

■ 程式設計

```
01 from machine import Pin
02 import time
03
04 # 建立串列，依序儲存 D0、D5、D6、D7、D8、D1、D2 腳位編號
05 leds = [16, 14, 12, 13, 15, 5, 4]
06
07 while True:                     # 重複跑馬燈效果
08     for i in leds:              # 依序取出個別腳位編號
09         led = Pin(i, Pin.OUT)   # 設定當前腳位為輸出功能
10         led.value(1)            # 點亮對應的 LED
11         time.sleep(0.1)         # 等待 0.1 秒
12         led.value(0)            # 熄滅剛剛點亮的 LED
```

■ 延伸練習

1. 請將跑馬燈的速度變慢。

Lab10

雙向 LED 跑馬燈

實驗目的	製作 7 顆 LED 的雙向跑馬燈，讓每顆 LED 輪流點亮、熄滅後再反向輪流一一點亮、熄滅，不斷重複前述過程。	
材料	● D1 mini	● 220Ω 電阻 × 7
	● 紅色 LED × 7	● 杜邦線與排針若干

■ 線路圖

同 Lab 09。

■ 設計原理

串列可以進行多種操作，例如使用 reversed() 函式可讓您從指定的串列中以相反的順序一一取出個別元素：

```
>>> leds = [16, 14, 12, 13, 15, 5, 4]
>>> for i in reversed(leds):
        print(i)

4
5
15
13
12
14
16
```

你可以看到列印出的順序和原本 leds 串列內的順序是相反的。利用這個方式，我們就可以從相反方向取出個別 LED 的腳位編號，再套用前一個實驗的程式，製造出反方向的跑馬燈了。

■ 程式設計

```
01 from machine import Pin
02 import time
03
04 # 建立串列，依序儲存 D0、D5、D6、D7、D8、D1、D2 腳位編號
05 leds = [16, 14, 12, 13, 15, 5, 4]
06
07 while True:                     # 重複雙向跑馬燈效果
08     for i in leds:              # 依序取出個別腳位編號
09         led = Pin(i, Pin.OUT)   # 設定當前腳位為輸出功能
```

```
10          led.value(1)         # 點亮對應的 LED
11          time.sleep(0.05)     # 等待 0.05 秒
12          led.value(0)         # 熄滅剛剛點亮的 LED
13
14      for i in reversed(leds): # 反方向依序取出個別腳位編號
15          led = Pin(i, Pin.OUT) # 設定當前腳位為輸出功能
16          led.value(1)         # 點亮對應的 LED
17          time.sleep(0.05)     # 等待 0.05 秒
18          led.value(0)         # 熄滅剛剛點亮的 LED
```

軟體補給站 迭代器 (iterator)

reversed() 並不會建立新的串列，而是建立一個特別的物件，讓我們可以從指定的串列內，以相反的順序取出資料。

這種可以和 for 搭配使用，一一取出資料的物件，都稱為『迭代器 (iterator)』，range() 產生的物件也屬於這一類。

軟體補給站 取得 / 修改串列中的資料

你可以使用中括號取出串列中的個別資料，也可以取得串列中的某一段資料 (稱為『切片』, slice), 我們以底下的串列為例：

```
>>> a = ['a', 'b' , 'c', 'd']
```

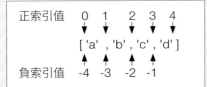

使用中括號標註索引值的方式，就是取出上圖中索引值後的那個元素，例如：

```
>>> a[1]  # 索引值 1 後面的元素是 'b'
'b'
>>> a[-3] # 索引值 -3 後面的元素也是 'b'
'b'
>>> a[-1] # 索引值 -1 後面的元素是 'd'
'd'
```

你可以看到索引值也可以是負數，是從最後 1 個元素往串列前頭數。你也可以使用以英文半形冒號 ":" 隔開兩個索引值的格式來標註區間，這可以取得兩個索引值之間的元素，例如：

```
>>> a[1:3]      # 索引值 1 之後到索引值 3 之前的元素
['b', 'c']
>>> a[-3:-1]    # 索引值 -3 之後到索引值 -1 之前的元素
['b', 'c']
```

標註區間時取得的仍然是串列，你可以將之視為是原始串列的子串列。有關串列的其他詳細操作，可以參考 Python 官方教學網頁 https://docs.python.org/3/tutorial/introduction.html#lists, 或是旗標科技出版的 **Python 技術者們 - 實踐！帶你一步一腳印由初學到精通**一書第 2 章及第 3 章。

■ 延伸練習

1. 讓跑馬燈的點亮順序順序改成 1、3、5、7 過去，2、4、6 回來。

CHAPTER 08

電子鋼琴

寫程式除了可以控制 LED 外, 也可以讓電子元件發出聲音, 唱出你喜歡的旋律喔!

在這一章中, 我們將介紹新的電子元件 -- 蜂鳴器, 並結合第 4 章介紹過的觸控開關, 製作一部可以用手觸碰彈奏的電子鋼琴, 讓你可以演奏出動聽的樂章。

8-1 認識蜂鳴器

蜂鳴器是一種可讓內部銅片依據不同頻率震動發出聲音的電子元件:

蜂鳴器

利用電磁原理, 即可吸附或是鬆開內部的震動片, 造成震動:

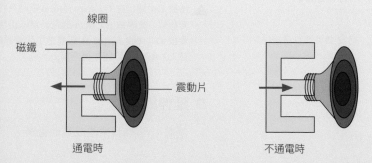

通電時　　　　　　　　　不通電時

⚠ 本套件使用的蜂鳴器為『無源蜂鳴器 (passive buzzer)』, 其中的『源』指的是震盪源 (或者震盪電路), 必須接上振盪電路才會發聲。另外一種『有源蜂鳴器 (active buzzer)』就是本身即帶有震盪電路的蜂鳴器, 只要接上電源就可以發出固定頻率的聲音。

我們日常聽見的音樂, 就是由不同震動頻率的音符所組成, 常用音符與對應的頻率 (每秒次數, Hz) 及音名的對照表如下:

音名	C	D	E	F	G	A	B
音符	Do	Re	Mi	Fa	So	La	Si
頻率	262	294	330	349	392	440	494

⚠ 完整的音符與頻率對照表, 以及個別音符的頻率計算方式可參考維基百科 https://zh.wikipedia.org/wiki/ 音符。

只要使用第 6 章說明過的 PWM 類比輸出功能, 就可以控制蜂鳴器震動的頻率, 而負載率 (duty cycle) 則可以控制震動的幅度, 改變音量的大小。

Lab11

嗡嗡翁--小蜜蜂音樂

實驗目的	本實驗將利用控制蜂鳴器的震動頻率與震動時間, 撰寫程式發出小蜜蜂這首歌的第一句, 有興趣的讀者, 也可以比照本實驗的作法, 完成整首歌。
材料	● D1 mini ● 蜂鳴器 ● 杜邦線及排針若干

■ 線路圖

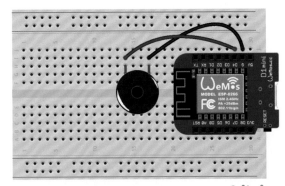

fritzing

⚠ 蜂鳴器的 2 隻腳不像 LED 有區分長短腳, 不需分辨方向, 這 2 隻腳可以直接插入麵包板或是用杜邦線串接到控制板。

■ 設計原理

小蜜蜂歌曲的第 1 句簡譜如下:

|5 3 3 -|4 2 2 -|1 2 3 4 5 5 5 -|

只要根據對應的頻率發聲即可, 不發聲的地方將負載率 (duty cycle) 設為 0, 蜂鳴器就會變靜音。要注意的是, 每一個音符之間要加入不發聲的停頓, 才能明顯聽出音符的變化, 讓旋律富有韻律感。

■ 程式設計

```
01 from machine import Pin, PWM
02 import time
03
04 beeper = PWM(Pin(2, Pin.OUT)) # 使用 2 號腳位控制蜂鳴器
05 #|5 3 3 -|4 2 2 -|1 2 3 4 5 5 5 -|
06 # 0 表示休止符
07 notes = [
08     392, 330, 330, 0,
09     349, 294, 294, 0,
10     262, 294, 330, 349, 392, 392, 392, 0]
11
12 for note in notes:          # 一一取出音符
13     if note == 0:           # 休止符不發音
14         beeper.duty(0)
15     else:
16         beeper.duty(512)    # 設定為一半音量
17         beeper.freq(note)   # 依照音符設定頻率
18     time.sleep(0.2)         # 讓聲音持續 02 秒
19     beeper.duty(0)          # 停止發聲
20     time.sleep(0.1)         # 持續無聲 01 秒
```

⚠ 由於 D4 腳位在 D1 mini 通電啟動時有特殊的功用, 若蜂鳴器接在 D4 腳位上沒有拔除, 會導致 D1 mini 通電時無法正常運作, 也會讓蜂鳴器不斷鳴叫。如果需要按 D1 mini 的 reset 鈕或是拔除電源再接上電源時, 請記得先將蜂鳴器拔除, 待 D1 mini 通電運作後再接上。

■ 延伸練習

1. 請將 小蜜蜂音樂改成其他音樂。

8-2 Python 資料結構：字典 (dictionary)

在前一節的範例中，是直接以音符的頻率來表達旋律，這種方式撰寫起來很麻煩，而且很容易寫錯，只要頻率錯了，就無法正確發出聲音，讀程式的人也不容易看懂旋律。如果可以以簡便的方式用音符或音名幫對應的頻率命名，就可以直接用名稱來表示旋律，不但不易出錯，也更容易看懂。

在 Python 中提供有一種特別的容器，稱為『**字典 (dictionary)**』，和上一章的串列有點類似，可以隨意放置多項元素，不過每一個元素都由**名稱** (稱為『**鍵 (key)**』) 與**值 (value)** 組成，要取出值時，都必須指定元素名稱 (鍵) 才能取出對應的值，例如：

```
>>> ages = { "Mary":13, "John":14 }
```

上述範例中用大括號 "{}" 標示的就是字典，此例建立了名稱為 ages 的字典，在這個字典中有 2 項元素元素間以逗號相隔，每 1 項元素都以『鍵:值』的格式表示，例如第 1 項元素的名稱 (鍵) 為 "Mary"，它的值為 13。

要取出資料，必須指定字典名稱，搭配以中括號包夾的鍵，例如：

```
>>> ages["Mary"]
13
>>> ages["John"]
14
```

就可以分別取出字典中名稱為 "Mary" 或是 "John" 的值。

Lab12

電子鋼琴

實驗目的	使用觸控開關當成琴鍵，讓使用者可彈出 Do~Si 各音符組成的旋律。	
材料	● Di mini ● 電容式觸控開關	● 蜂鳴器 ● 杜邦線及排針若干

■ 線路圖

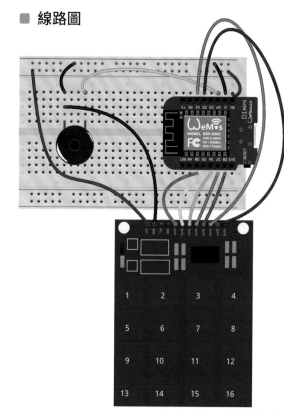

觸控開關	D1 mini
OUT1	D0
OUT2	D5
OUT3	D6
OUT4	D7
OUT5	D8
OUT6	D1
OUT7	D2
GND	G
VCC	3V3

fritzing

● 設計原理

此範例使用字典儲存音名與對應的頻率：

```
tones = {
    'c': 262,
    'd': 294,
    'e': 330,
    'f': 349,
    'g': 392,
    'a': 440,
    'b': 494,
}
```

程式會在使用者觸碰按鈕時，從 tones 字典中取出對應音名的頻率讓蜂鳴器發聲，即可達到觸碰彈奏音樂的目的。

● 程式設計

```
01 from machine import Pin, PWM
02 import time
03
04 beeper = PWM(Pin(2, Pin.OUT))   # 用 2 號腳位控制蜂鳴器
05 button1 = Pin(16, Pin.IN)       # 用 D0 讀 OUT1
06 button2 = Pin(14, Pin.IN)       # 用 D5 讀 OUT2
07 button3 = Pin(12, Pin.IN)       # 用 D6 讀 OUT3
08 button4 = Pin(13, Pin.IN)       # 用 D7 讀 OUT4
09 button5 = Pin(15, Pin.IN)       # 用 D8 讀 OUT5
10 button6 = Pin(5, Pin.IN)        # 用 D1 讀 OUT6
11 button7 = Pin(4, Pin.IN)        # 用 D2 讀 OUT7
12
13 tones = {                       # 儲存音名與頻率的字典
14     'c': 262,                   # Do
15     'd': 294,                   # Re
16     'e': 330,                   # Mi
17     'f': 349,                   # Fa
18     'g': 392,                   # So
19     'a': 440,                   # La
20     'b': 494,                   # Si
21 }
22
23 while True:                     # 持續讀取觸控按鈕訊號
24     if button1.value() == 1:    # 按了 1 號按鈕
25         beeper.duty(512)        # 設定一半音量
26         beeper.freq(tones['c']) # 設定 Do 的頻率
27
28     elif button2.value() == 1:  # 按了 2 號按鈕
29         beeper.duty(512)        # 設定一半音量
30         beeper.freq(tones['d']) # 設定 Re 的頻率
31
32     elif button3.value() == 1:  # 按了 3 號按鈕
33         beeper.duty(512)        # 設定一半音量
34         beeper.freq(tones['e']) # 設定 Mi 的頻率
35
36     elif button4.value() == 1:  # 按了 4 號按鈕
37         beeper.duty(512)        # 設定一半音量
38         beeper.freq(tones['f']) # 設定 Fa 的頻率
39
40     elif button5.value() == 1:  # 按了 5 號按鈕
41         beeper.duty(512)        # 設定一半音量
42         beeper.freq(tones['g']) # 設定 So 的頻率
43
44     elif button6.value() == 1:  # 按了 6 號按鈕
45         beeper.duty(512)        # 設定一半音量
46         beeper.freq(tones['a']) # 設定 La 的頻率
47
48     elif button7.value() == 1:  # 按了 7 號按鈕
49         beeper.duty(512)        # 設定一半音量
50         beeper.freq(tones['b']) # 設定 Si 的頻率
51
52     else:                       # 沒有按鈕
53         beeper.duty(0)          # 設定不發聲
54
55     time.sleep(0.05)
```

⚠ 由於 D4 腳位在 D1 mini 通電啟動時有特殊的功用，若蜂鳴器接在 D4 腳位上沒有拔除，會導致 D1 mini 通電時無法正常運作，也會讓蜂鳴器不斷鳴叫。如果需要按 D1 mini 的 reset 或是拔除電源再接上電源時，請記得先將蜂鳴器拔除，待 D1 mini 通電運作後再接上。

軟體補給站！ 字典的其他操作

稍後在第 9 章我們還會用到字典，不過礙於篇幅，本書無法一一介紹所有的操作，有興趣的讀者可以參考 Python 官方教學網頁 https://docs.python.org/3/tutorial/datastructures.html#dictionaries，或是旗標出版的 **Python 技術者們 - 實踐！一步一腳印 從實踐到精通**一書第 2 章及第 3 章。

軟體補給站！ 簡化程式的方法

剛剛的範例程式會一一檢查按鈕狀態，你可能會覺得程式好長，其實只要運用我們學過的程式技巧，就可以簡化程式。以下我們利用串列來放置用來讀取按鈕狀態的物件，就可以搭配 for 迴圈簡化原本一個一個檢查的程式：

```
01 from machine import Pin, PWM
02 import time
03
04 beeper = PWM(Pin(2, Pin.OUT))    # 用 2 號腳位控制蜂鳴器
05 buttons = [                       # 存放讀取按鈕狀態物件的元組
06     Pin(16, Pin.IN),              # 用 D0 讀 OUT1
07     Pin(14, Pin.IN),              # 用 D5 讀 OUT2
08     Pin(12, Pin.IN),              # 用 D6 讀 OUT3
09     Pin(13, Pin.IN),              # 用 D7 讀 OUT4
10     Pin(15, Pin.IN),              # 用 D8 讀 OUT5
11     Pin(5, Pin.IN),               # 用 D1 讀 OUT6
12     Pin(4, Pin.IN),               # 用 D2 讀 OUT7
13 ]
14
```

```
15 tones = [                        # 存放個別音符頻率的元組
16     262,                          # Do
17     294,                          # Re
18     330,                          # Mi
19     349,                          # Fa
20     392,                          # So
21     440,                          # La
22     494,                          # Si
23 ]
24
25 while True:                      # 持續讀取觸控按鈕訊號
26     for i in range(len(buttons)):   # 一一取出物件檢查按鈕狀態
27         if buttons[i].value() == 1: # 如果有按鈕
28             beeper.duty(512)        # 設定一半音量
29             beeper.freq(tones[i])   # 設定對應音符的頻率
30             break                   # 不需再檢查其他按鈕
31     else:                           # 如果所有按鈕都沒按下
32         beeper.duty(0)              # 設定不發聲
33
34     time.sleep(0.05)
```

第 26 行的 **len() 函式**可以取得串列、字典的**長度**，也就是**元素個數**，因此就可以搭配 for 迴圈一一取出用來檢查按鈕狀態的物件。由於我們將檢查個別按鈕的物件依照對應音符的順序放在串列中，因此只要透過相同的索引值，就可以在按鈕時播放對應音符的聲音。

在第 30 行的 **break** 可以讓程式立即**跳出 for 迴圈**，直接執行迴圈後的程式，因此當檢查到某個按鈕按下時，就會播放聲音，然後直接跳離迴圈，到第 34 行執行。

在第 31 行的 **else** 會在 for 迴圈完整執行完後執行，以本例來說，就是一一檢查所有按鈕都沒有被按下，沒有執行 break 跳離迴圈時就會執行 else 區塊，在這裡我們設定靜音。

藉由以上修改，程式就從原本的 55 行縮短成 34 行了。

CHAPTER 09

網
路
連
線

程式如果能夠上網擷取有用的資訊, 就可以更加有趣了。

本章會讓 Python 程式連上網路取得天氣資訊, 並且依據天氣狀況變化燈號, 下雨就亮紅燈, 記得帶雨傘; 沒下雨就亮綠燈, 快樂出遊。

9-1 Wi-Fi 連線

D1 mini 控制板除了可以控制外部裝置, 或是讀取外部資訊外, 也具備有無線網路的能力, 可以連到網路上擷取資訊。要使用網路, 首先必須匯入 **network 模組**, 利用其中的 **WLAN 類別**建立控制無線網路的物件:

```
>>> import network
>>> sta_if = network.WLAN(network.STA_IF)
```

在建立無線網路物件時, 要注意到 D1 mini 有 2 個網路介面:

網路介面	說明
network.STA_IF	工作站 (station) 介面, 專供連上現有的 Wi-Fi 無線網路基地台, 以便連上網際網路
network.STA_AP	熱點 (access point) 介面, 可以讓 D1 mini 變成無線基地台, 建立區域網路

由於我們需要讓 D1 mini 連上網際網路擷取資訊, 所以必須使用**工作站介面**。取得無線網路物件後, 要先啟用網路介面:

```
>>> sta_if.active(True)
```

參數 True 表示要啟用網路介面; 如果傳入 False 則會停用此介面。接著, 就可以嘗試連上無線網路:

```
>>> sta_if.connect('無線網路名稱', '無線網路密碼')
```

其中的 2 個參數就是無線網路的名稱與密碼, 請注意大小寫, 才不會連不上指定的無線網路。例如, 若我的無線網路名稱為 'FLAG-SCHOOL', 密碼為 '12345678', 只要如下呼叫 connect() 即可連上無線網路:

```
>>> sta_if.connect('FLAGS-CHOOL', '12345678')
```

為了避免網路名稱或是密碼錯誤無法連網，導致後續的程式執行出錯，通常會在呼叫 connect() 之後使用 isconnected() 函式確認已經連上網路，例如：

```
>>> while not sta_if.isconnected():
        pass

>>>
```

上例中的 pass 是一個特別的敘述，它的實際效用是**甚麼也不做**，當你必須在迴圈中加入程式區塊才能維持語法的正確性時，就可以使用 pass，由於它甚麼也不會做，就不必擔心會造成任何意料外的副作用。上例就是持續檢查是否已經連上網路，如果沒有，就用 pass 往迴圈下一輪繼續檢查連網狀況。

⚠ pass 的由來就是玩撲克牌遊戲無牌可出要跳過這一輪時所喊的 pass。

若要檢查連上網路後的相關設定，可以呼叫 ifconfig()：

```
>>> sta_if.ifconfig()
('192.168.100.39', '255.255.255.0', '192.168.100.254', '168.95.192.1')
```

ifconfig() 傳回的是稱為『元組 (tuple)』的容器，元組是以小括號 () 表示，使用上和串列非常相似。在 ifconfig() 傳回的元組中，共有 4 個元素，依序為**網路位址 (Internet Protocol address, 簡稱 IP 位址)**、**子網路遮罩 (subnet mask)**、**閘道器 (gateway) 位址**、**網域名稱伺服器 (Domain Name Server, 簡稱 DNS 伺服器) 位址**。如果只想顯示其中單項資料，可以像串列一樣使用中括號 [] 標註從 0 起算的索引值 (index)，例如以下即可顯示 IP 位址：

```
>>> sta_if.ifconfig()[0]
'192.168.100.39'
```

軟體補給站 **串列 (list) 與元組 (tuple) 的差別**

串列與元組非常相似，前面介紹的串列操作都可以用在元組上，剛剛從 ifconfig() 傳回的元組中取出 IP 位址的操作就是一例。串列與元組的差別在於串列的內容是可以更改的，但是元組的內容建立後即無法更改，例如：

```
>>> l = ['a', 'b' , 'c'] # 建立串列
>>> l[1] = 'x'           # 將索引值 1 後的元素改為 'x'
>>> l
['a', 'x', 'c']          # 原來的 'b' 變成 'x' 了
```

上例中因為 l 是串列，所以可以修改其內容。如果將相同的操作套用在元組上，就會出錯：

```
>>> t = ('a', 'b' , 'c') # 這是元祖 (tuple)
>>> t[1] = 'x'           # 嘗試修改元組的內容
Traceback (most recent call last):
  File "<stdin>", line 1, in <module>
TypeError: 'tuple' object does not support item assignment
```

你可以看到嘗試修改元組的內容時會出錯，錯誤訊息告訴我們 tuple 物件『不支援設值』的功能。

9-2 取得網路資料

網路上有各式各樣的資訊，也有許多廠商提供公開的服務給大家取用，只要我們的程式能夠扮演瀏覽器的角色，就可以透過程式擷取網頁的內容，取出所需的資料。

■ 讀取網站內容

在 Python 中有個 requests 模組就可以提供瀏覽器到網路上抓取資料的功能，不過這個模組功能比較複雜，在 MicroPython 中提供的是精簡版的 urequests 模組，名稱開頭的 'u' 是 'micro' 的意思。只要匯入此模組，即可使用該模組提供的 get() 取得網站傳回的資料：

```
>>> res = urequests.get('http://www.flag.com.tw')
>>> print(res.text)
<!doctype html>
<html>
<head>
<meta charset="utf-8">
<meta name="viewport" content="width=device-width, initial-scale=1.0, minimum-scale=1.0">
<title>旗標科技</title>
....
```

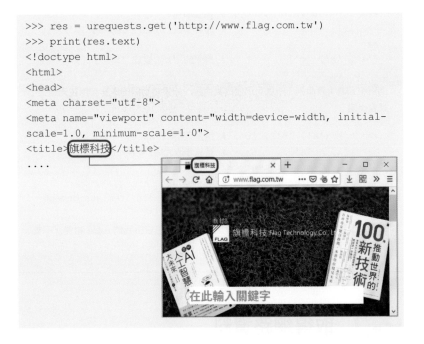

呼叫 get() 時，只要提供網址，它就會像是瀏覽器一樣去向網站索取內容，並傳回一個儲存有各式資訊的物件。在上例中，我們就去抓取旗標科技的網站首頁內容，放入 res 變數中。在取回資訊的物件中，text 屬性就是傳回網頁的文字內容，實際上就是標準的 HTML 文件，其中以 <title></title> 包夾的則是網頁主標題『旗標科技』。

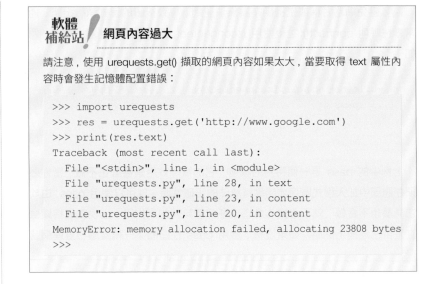

軟體補給站 **網頁內容過大**

請注意，使用 urequests.get() 擷取的網頁內容如果太大，當要取得 text 屬性內容時會發生記憶體配置錯誤：

```
>>> import urequests
>>> res = urequests.get('http://www.google.com')
>>> print(res.text)
Traceback (most recent call last):
  File "<stdin>", line 1, in <module>
  File "urequests.py", line 28, in text
  File "urequests.py", line 23, in content
  File "urequests.py", line 20, in content
MemoryError: memory allocation failed, allocating 23808 bytes
>>>
```

⚠ 有關 HTML 文件，本書不會說明，若您有興趣，可自行參考線上教學網站，例如 https://www.w3schools.com/html/。

■ 取得 OpenWeatherMap 天氣資料

除了像是上述範例抓取網站的網頁外，許多網站也藉由特定的網址提供專門的資訊，像是接著我們要使用的 OpenWeatherMap 網站，就提供有世界各地的天氣資訊，只要註冊申請帳號，就可以依循特定的網址取得各式各樣的天氣資訊。接著就來看看要如何使用 OpenWeatherMap 服務吧！

■ 註冊帳號

1 請先進入 OpenWeatherMap 網站註冊帳號：

1 輸入網址 https://openweathermap.org　　2 點選 Sign Up

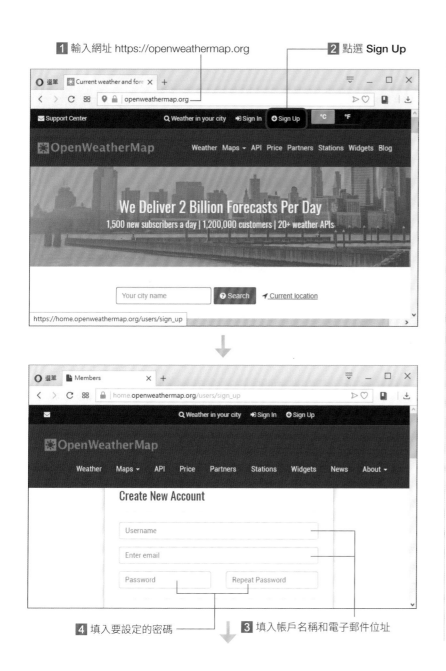

4 填入要設定的密碼　　3 填入帳戶名稱和電子郵件位址

5 往下捲後
勾選確認年齡　　6 勾選同意隱私權協議

7 勾選確認不是機器人程式

8 最後按下 Create Account

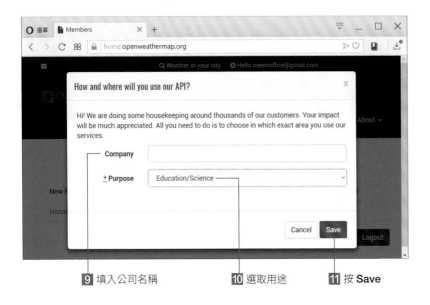

9 填入公司名稱　　10 選取用途　　11 按 **Save**

2 等待帳戶生效，會收到一封電子郵件：

1 從 OWM Team 寄來
通知帳號生效的信件

2 點選查看信件內容

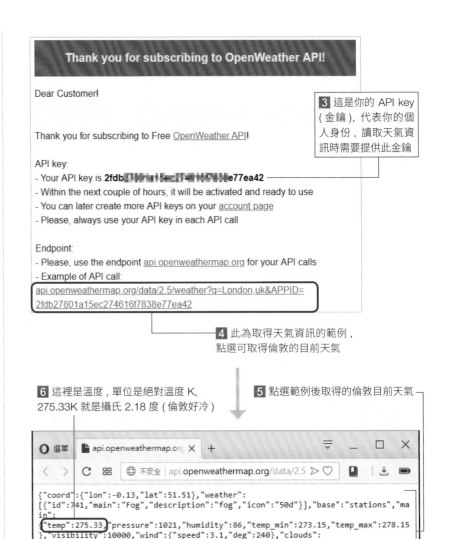

Thank you for subscribing to OpenWeather API!

Dear Customer!

Thank you for subscribing to Free OpenWeather API!

3 這是你的 API key
(金鑰)，代表你的個
人身份，讀取天氣資
訊時需要提供此金鑰

API key:
- Your API key is **2fdb▓▓▓▓▓▓▓▓▓▓▓e77ea42**
- Within the next couple of hours, it will be activated and ready to use
- You can later create more API keys on your account page
- Please, always use your API key in each API call

Endpoint:
- Please, use the endpoint api.openweathermap.org for your API calls
- Example of API call:

api.openweathermap.org/data/2.5/weather?q=London,uk&APPID=
2fdb27801a15ec274616f7838e77ea42

4 此為取得天氣資訊的範例，
點選可取得倫敦的目前天氣

6 這裡是溫度，單位是絕對溫度 K,
275.33K 就是攝氏 2.18 度 (倫敦好冷)

5 點選範例後取得的倫敦目前天氣

{"coord":{"lon":-0.13,"lat":51.51},"weather":
[{"id":741,"main":"Fog","description":"fog","icon":"50d"}],"base":"stations","main":
{"temp":275.33,"pressure":1021,"humidity":86,"temp_min":273.15,"temp_max":278.15
},"visibility":10000,"wind":{"speed":3.1,"deg":240},"clouds":
{"all":0},"dt":1543913400,"sys":
{"type":1,"id":1414,"message":0.007,"country":"GB","sunrise":1543909695,"sunset"
:1543938792},"id":2643743,"name":"London","cod":200}

⚠ 攝氏溫度 = 絕對溫度 - 273.15

3 有關提供個別資訊的網址格式，可參考 http://api.openweathermap. org/：

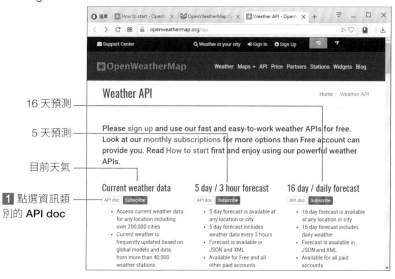

16 天預測

5 天預測

目前天氣

1 點選資訊類別的 **API doc**

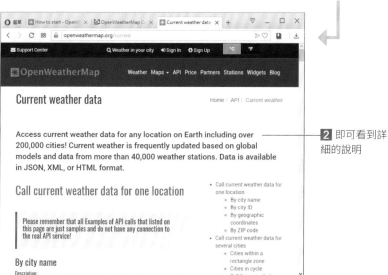

2 即可看到詳細的說明

> ⚠ 這種提供資訊服務的網站，會將其對應不同類型資訊的網址格式稱為 API，全名為 Application Programming Interface，意思就是透過撰寫程式取用此網站資訊時的介面，稍後我們就會透過 Python 程式依此 API 格式取得天氣狀況。

■ 讀取天氣資訊

這裡我們以取得目前天氣狀況 (Get Current Data) 為例，說明如何使用 Python 程式取得 OpenWeatherMap 的資訊。假設我們想要取得台北市的天氣，依據網站上文件的說明，格式如下：

```
http://api.openweathermap.org/data/2.5/weather?q={城市名稱},
{國別}&appid={API key}
```

台北市的 { 城市名稱 } 為 "Taipei"，{ 國別 } 為 "TW"，{API key} 在剛剛收到的電子郵件中就可以找到，將以上套入後輸入到瀏覽器的網址列即可得到台北的目前天氣：

輸入 http://api.openweathermap.org/data/2.5/weather?q=Taipei,TW&appid=你的 API key

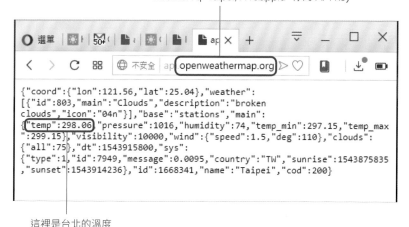

這裡是台北的溫度

你可以看到溫度是絕對溫度 298.06K，也就是攝氏 24.91 度。

軟體補給站 台灣主要城市名稱

你可以在 http://bulk.openweathermap.org/sample/city.list.json.gz 取得所有城市名稱與國別的資料，這是一份壓縮過的文字檔，可使用 7-Zip 或是 Winzip 等工具解開，即可用記事本打開。以下列出幾個主要城市的名稱：

城市名稱	中文
Keelung	基隆
Banqiao	板橋
Taoyuan	桃園
Hsinchu	新竹
Miaoli	苗栗
Taichung	台中
Nantou	南投
Yunlin	雲林

城市名稱	中文
Tainan	台南
Kaohsiung	高雄
Pingtung	屏東
Yilan	宜蘭
Hualien	花蓮
Taitung	台東
Penghu	澎湖
Hengchun	恆春

您也可以在剛剛的網址後面加上 "&units=metric"，即可指定使用攝氏單位：

輸入 http://api.openweathermap.org/data/2.5/
weather?q=Taipei,TW&appid=你的 API key&units=metric

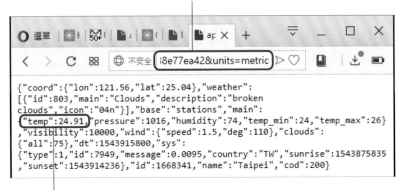

溫度改成攝氏單位了

將上述網址與 9-1 節結合，就可以利用 Python 程式取得台北市的天氣狀況：

```
>>> import urequests
>>> res = urequests.get('http://api.openweathermap.
org/data/2.5/weather?q=Taipei, TW&appid=你的 API
key&units=metric')
>>> print(res.text)
{"coord":{"lon":121.56, "lat":25.04}, "weather":[{"id":802,
"main":"Clouds", "description":"scattered clouds",
"icon":"03n"}], "base":"stations", "main":{"temp":23.47,
"pressure":1018, "humidity":83, "temp_min":23, "temp_
max":24}, "visibility":10000, "wind":{"speed":5.7,
"deg":90}, "clouds":{"all":40}, "dt":1543923000,
"sys":{"type":1, "id":7949, "message":0.0048, "country":"TW",
"sunrise":1543875837, "sunset":1543914236}, "id":1668341,
"name":"Taipei", "cod":200}
>>>
```

⚠ 天氣資訊中有些是說明文字，預設會是英文，不過 OpenWeatherMap 支援多國語系，例如天氣狀況若是 "shower rain"，當指定為繁體中文語系時，就會變成『陣雨』。要改變語系，只要在網址多加上 "&lang=zh_tw" 參數即可。有關不同語系的名稱，可參考 https://openweathermap.org/current#multi。

剩下的問題就是要如何用 Python 程式從看起來很複雜的文字中取得我們真正需要的資訊，例如其中的溫度、或是晴朗、下雨等天氣狀況了。

9-3 JSON 資料格式解析

上一節從 OpenWeatherMap 取得的資料其實不只有溫度，還包含有其他豐富的資料，為了能夠適當呈現個別資料，它使用名為 JSON 的文字格式。JSON 的全名是 JavaScript Object Notation，原本是 JavaScript 程式語言中以文字形式描述物件內容的格式，由於簡單易用，現在變成呈現多層結構資料的常見格式。

■ JSON 資料的結構

我們先來看一下 OpenWeatherMap 傳回來的原始資料：

```
{"coord":{"lon":121.56, "lat":25.04}, "weather":[{"id":803,
"main":"Clouds", "description":"shower rain",
"icon":"04d"}], "base":"stations", "main":{"temp":19.48,
"pressure":1024, "humidity":77, "temp_min":19, "temp_
max":20}, "visibility":9000, "wind":{"speed":6.7,
"deg":90}, "clouds":{"all":75}, "dt":1544150040,
"sys":{"type":1, "id":7949, "message":0.0047, "country":"TW",
"sunrise":1544135146, "sunset":1544173461}, "id":1668341,
"name":"Taipei", "cod":200}
```

由於沒有妥善編排成適合閱讀的格式，並不容易看出其內容，網路上有些服務可以協助我們觀看 JSON 格式的資料，例如 Online JSON Viewer (http://jsonviewer.stack.hu/)，請依下操作：

1 網址 http://jsonviewer.stack.hu/

2 在這裡貼上從 OpenWeatherMap 取得的 JSON 格式資料

1 點選 format

```
{
  "coord": {
    "lon": 121.56,
    "lat": 25.04
  },
  "weather": [
    {
      "id": 521,
      "main": "Rain",
      "description": "shower rain",
      "icon": "09d"
    }
  ],
  "base": "stations",
  "main": {
    "temp": 19.94,
    "pressure": 1021,
    "humidity": 77,
    "temp_min": 19,
    "temp_max": 21
  },
  "visibility": 10000,
  "wind": {
    "speed": 8.2,
    "deg": 100
  },
  "clouds": {
    "all": 75
  },
  "dt": 1544160600,
  "sys": {
    "type": 1,
    "id": 7949,
    "message": 0.0174,
    "country": "TW",
    "sunrise": 1544135151,
    "sunset": 1544173462
  },
  "id": 1668341,
  "name": "Taipei",
  "cod": 200
}
```

2 原本的文字會重新編排為清楚展現資料層級結構的樣貌

如果您仔細觀看重新編排後的結果，應該會覺得很熟悉，這不就是上一章介紹的 Python 字典嗎？沒錯，我們來分析一下 OpenWeatherMap 的資料：

```json
{
  "coord": {
    "lon": 121.56,
    "lat": 25.04
  },
  "weather": [
    {
      "id": 521,
      "main": "Rain",
      "description": "shower rain",
      "icon": "09d"
    }
  ],
  "base": "stations",
  "main": {
    "temp": 19.94,
    "pressure": 1021,
    "humidity": 77,
    "temp_min": 19,
    "temp_max": 21
  },
  "visibility": 10000,
  "wind": {
    "speed": 8.2,
    "deg": 100
  },
  "clouds": {
    "all": 75
  },
  "dt": 1544160600,
  "sys": {
    "type": 1,
    "id": 7949,
    "message": 0.0174,
    "country": "TW",
```

```json
    "sunrise": 1544135151,
    "sunset": 1544173462
  },
  "id": 1668341,
  "name": "Taipei",
  "cod": 200
}
```

⚠ JSON 與 Python 字典的語法類似，但是 JSON 中字串必須以英文雙引號 "" 括起來，不能使用英文單引號 ''。

整個資料就是一個字典，包含以下元素：

鍵	值
coord	城市經緯度
weather	晴天、多雲等天氣狀況
base	內部資料
main	溫濕度等天氣資訊
visibility	能見度
wind	風向風速
clouds	雲量
dt	資料回報時間
sys	國別及日出日落時間等
id	城市代碼
name	城市名稱
cod	內部資料

⚠ 個別元素的詳細內容，可參考網站上的說明 (https://openweathermap.org/current#current_JSON)。

要注意的是，某些元素，例如鍵為 "main" 的元素其值也是一個字典，其中包含以下名稱的元素：

鍵	值
temp	溫度
pressure	氣壓
humidity	濕度
temp_min	最低溫
temp_max	最高溫

而鍵為 "weather" 的元素它的值則是一個串列：

```
"weather": [
  {
    "id": 803,
    "main": "Clouds",
    "description": "多雲",
    "icon": "04d"
  }
]
```

在此例中這個串列裡面只有一個元素，這個元素又是一個字典，稍後的實驗中我們會使用其中鍵為 "id" 與 "description" 的 2 個元素，分別代表各種天氣狀況的代碼與說明文字：

代碼	意義
2XX	大雷雨
3XX	毛毛雨
5XX	下雨
6XX	下雪
7XX	霧、霾等狀況
800	晴天
8XX	陰天

⚠ 個別天氣代碼詳細意義可參考 https://openweathermap.org/weather-conditions。

如果以 800 為分界，就可以將小於 800 的天氣視為不佳，800 (含) 以上視為好天氣。

■ 使用 Python 解讀 JSON 資料

Python 中提供有 json 模組可以解析 JSON 格式，從文字形式轉換成 Python 的字典。MicroPython 則提供精簡版本的 ujson 模組，使用方法非常簡單，以下假設 res 是使用 urequests.get() 從 OpenWeatherMap 取回的結果：

```
>>> import ujson                    # 匯入 ujson 模組
>>> j = ujson.loads(res.text)       # 載入 JSON 格式資料
>>> j["main"]["temp"]               # 依照結構透過字典取得資料
19.94
>>> j["weather"][0]["id"]           # 依結構循字典、串列取得資料
521
```

上述程式中，j 就是從 JSON 格式轉換成的字典，如同前面所提到，j["main"] 這個元素本身也是字典，因此 j["main"]["temp"] 就是取得 j["main"] 這個字典中鍵為 "temp" 的值。同理，j["weather"] 是一個串列，j["weather"][0] 是串列中的第 1 個元素，這個元素本身是個字典，所以 j["weather"][0]["id"] 就是字典中鍵為 "id" 的值：

```
{
  ...                          ⟶  j
  "weather": [                 ⟶  j["weather"]
    {                          ⟶  j["weather"][0]
      "id": 521,               ⟶  j["weather"][0]["id"]
      "main": "Rain",
      ...
    }
  ],
  "base": "stations",
  "main": {                    ⟶  j["main"]
    "temp": 19.94,             ⟶  j["main"]["temp"]
    "pressure": 1021,
    ...
  },
  ...
}
```

55

Lab13

氣象預報站

實驗目的	利用從 OpenWeatherMap 取得的天氣資料，依據天氣狀況顯示燈號，如果沒下雨就亮綠燈，有下雨就亮紅燈提醒要記得帶傘。
材料	● D1 mini ● 220Ω 電阻	● 紅色 LED × 1 ● 杜邦線及排針若干

■ 線路圖

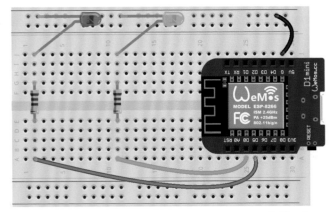

fritzing

■ 設計原理

OpenWeatherMap 傳回的是 JSON 格式資料，在 Python 中可以轉換為字典，即可快速讀取其中的天氣資料。本實驗利用天氣資料中代表天氣狀況的數值代碼，判斷是否下雨，再點亮相對的 LED 燈。

■ 程式設計

```
01 import network, urequests, ujson, machine
02 sta_if = network.WLAN(network.STA_IF)
03 sta_if.active(True)
04 sta_if.connect('FLAG-SCHOOL', '12345678')
05 while not sta_if.isconnected():
06     pass
07 print(sta_if.ifconfig()[0])            # 顯示 IP 位址
08
09 res = urequests.get(                    # API 網址
10     "https://api.openweathermap.org/data/2.5/weather?" +
11     "q=" + "Taipei" + ", TW" +          # 指定城市與國別
12     "&units=metric&lang=zh_tw&" +       # 使用攝氏單位及繁中語系
13     "appid=" +  # 以下填入註冊後取得的 API key
14     "XXXXXXXXXXXX")
15 j = ujson.loads(res.text);              # 從 JSON 轉成字典
16 gLED = machine.Pin(16, machine.Pin.OUT) # 控制綠燈
17 rLED = machine.Pin(14, machine.Pin.OUT) # 控制紅燈
18 weatherID = j["weather"][0]["id"]        # 天氣狀況代碼
19 weatherDesc = j["weather"][0]["description"] # 天氣狀況
20 if weatherID < 800:                     # 雨天
21     rLED.value(1)                       # 亮紅燈
22     gLED.value(0)
23 else:                                   # 沒下雨
24     rLED.value(0)                       # 亮綠燈
25     gLED.value(1)
26 print("目前天氣：", str(weatherID))
27 print("代碼意義：", weatherDesc )
```

程式執行後可以看到 D1 mini 的 IP 位址，以及天氣代碼值與天氣狀況說明文字，同時也會點亮紅燈 (下雨) 或綠燈 (沒雨)。

```
>>> %Run Lab13.py
192.168.100.39
目前天氣： 521
代碼意義： 陣雨
```

■ 延伸練習

1. 請加入第 8 章使用的蜂鳴器，當壞天氣時則發出警報聲音。